# 集成电路工艺实验

谭永胜 方泽波 主编

电子科技大学出版社
University of Electronic Science and Technology of China Press

·成都·

图书在版编目（CIP）数据

集成电路工艺实验 / 谭永胜, 方泽波主编. -- 成都：成都电子科大出版社, 2025. 1. -- ISBN 978-7-5770-1376-3

Ⅰ. TN405-33

中国国家版本馆 CIP 数据核字第 202457YB08 号

## 内 容 简 介

本实验教材按一个完整的半导体集成电路工艺过程工艺作用来讲述，将各种集成电路单项工艺分为清洗、薄膜沉积、掺杂和图形转移等几类。各部分内容是以提取重要的、有重复性和代表性的工序排成的实验项目。学生真正掌握了这些实验的方法，熟悉各大型设备的实际操作，即可在工艺线上单独流片，制造出合格的、结构较简单的集成电路芯片。

本书是为微电子科学与工程专业本科生编写的集成电路工艺实验教材，也可作为太阳能光伏专业、光电子专业等相关专业的教材，还可作为太阳能电池、LED 芯片制造等半导体分立器件行业相关工程技术人员的培训教材或参考书。

## 集成电路工艺实验
### JICHENG DIANLU GONGYI SHIYAN
谭永胜　方泽波　主编

| 策划编辑 | 曾　艺　谢晓辉 |
| --- | --- |
| 责任编辑 | 谢晓辉 |
| 责任校对 | 曾　艺 |
| 责任印制 | 段晓静 |

| 出版发行 | 电子科技大学出版社 |
| --- | --- |
| | 成都市一环路东一段 159 号电子信息产业大厦九楼　邮编　610051 |
| 主　页 | www.uestcp.com.cn |
| 服务电话 | 028-83203399 |
| 邮购电话 | 028-83201495 |
| 印　刷 | 成都久之印刷有限公司 |
| 成品尺寸 | 170mm×240mm |
| 印　张 | 6.75 |
| 字　数 | 145 千字 |
| 版　次 | 2025 年 1 月第 1 版 |
| 印　次 | 2025 年 1 月第 1 次印刷 |
| 书　号 | ISBN 978-7-5770-1376-3 |
| 定　价 | 42.00 元 |

版权所有　侵权必究

# 前　　言

　　集成电路工艺实验是为微电子科学与工程专业的本科生设置的一门专业实验课，目的是让该专业的学生了解和掌握半导体集成电路的工艺技术，使学生具有制造半导体集成电路的实际动手能力，为今后集成电路芯片及半导体分立器件的研究、设计与制造工作打下基础。

　　一个完整的半导体集成电路工艺过程共有几十道工序，因此不可能按照实际的工艺次序编排实验。按工艺作用来分，可以将各种集成电路单项工艺分为清洗、薄膜沉积、掺杂和图形转移等几类，因此，本教材提取重要的、有重复性和代表性的工序排成实验项目。应该说，学生如果真正掌握了这些实验的方法，熟悉各大型设备的实际操作，完全可以在工艺线上单独流片，制造出合格的、结构较简单的集成电路芯片。

　　作为一门实践性教学课程，"集成电路工艺实验"可在"电子薄膜技术"及"集成电路工艺原理"等先修课程的基础上，使学生加深对工艺原理的理解。考虑到实际教学过程中，排课时可能出现学生在进行集成电路工艺实验课时理论课程还未上完的情况，本实验教材的原理部分写得较为详细，给学生们做实验时学习和参考。

　　本书是为微电子科学与工程专业本科生编写的集成电路工艺实验教材，也可作为太阳能光伏专业、光电子专业等相关专业的教材，还可作为太阳能电池、LED 芯片制造等半导体分立器件行业相关工程技术人员的培训教材或参考书。

　　本书由绍兴文理学院谭永胜、方泽波任主编，绍兴文理学院李志彬、刘士彦任副主编。在编写本书的过程中，编者还得到了学校领导和课程组成员的大力支持，在此一并表示感谢。

　　由于本书编者水平有限，书中难免有不妥和错误之处，敬请读者批评指正。

编　者<br>
2024 年 11 月

# 目　　录

概述 ..................................................................................... 1
    硅集成电路工艺简介 ......................................................... 1
        一、清洗工艺 ............................................................. 5
        二、氧化工艺 ............................................................. 5
        三、扩散工艺 ............................................................. 6
        四、离子注入工艺 ......................................................... 7
        五、光刻工艺 ............................................................. 7
        六、蒸发工艺 ............................................................. 9
        七、溅射工艺 ............................................................. 9
        八、等离子体化学气相沉积（PECVD）工艺 .................................. 10

实验一　清洗工艺 ......................................................... 11
        一、引言 ................................................................ 11
        二、实验目的 ............................................................ 11
        三、实验原理 ............................................................ 11
        四、实验内容 ............................................................ 19
        五、实验步骤 ............................................................ 19
        六、思考题 .............................................................. 19

实验二　硅的热氧化工艺 ................................................... 20
        一、引言 ................................................................ 20
        二、实验目的 ............................................................ 20
        三、实验原理 ............................................................ 20
        四、实验内容 ............................................................ 30
        五、实验步骤 ............................................................ 30
        六、思考题 .............................................................. 30

## 实验三　硼扩散工艺 .................................................. 31
  一、引言 .................................................. 31
  二、实验目的 .................................................. 31
  三、实验原理 .................................................. 31
  四、实验内容 .................................................. 37
  五、实验步骤 .................................................. 38

## 实验四　离子注入工艺 .................................................. 39
  一、引言 .................................................. 39
  二、实验目的 .................................................. 40
  三、实验原理 .................................................. 40
  四、实验内容 .................................................. 42
  五、实验步骤 .................................................. 42
  六、思考题 .................................................. 47

## 实验五　真空蒸发工艺 .................................................. 48
  一、引言 .................................................. 48
  二、实验目的 .................................................. 48
  三、实验原理 .................................................. 48
  四、实验内容 .................................................. 57
  五、实验步骤 .................................................. 57
  六、思考题 .................................................. 59

## 实验六　溅射工艺 .................................................. 60
  一、引言 .................................................. 60
  二、实验目的 .................................................. 60
  三、实验原理 .................................................. 60
  四、实验内容 .................................................. 66
  五、实验步骤 .................................................. 66
  六、思考题 .................................................. 68

**实验七　等离子体化学气相沉积（PECVD）工艺** .................................................. 69
　　一、引言 ............................................................................................ 69
　　二、实验目的 .................................................................................... 69
　　三、实验原理 .................................................................................... 69
　　四、实验内容 .................................................................................... 75
　　五、实验步骤 .................................................................................... 75
　　六、思考题 ........................................................................................ 76

**实验八　光刻工艺** .................................................................................. 77
　　一、引言 ............................................................................................ 77
　　二、实验目的 .................................................................................... 77
　　三、实验原理 .................................................................................... 77
　　四、实验内容 .................................................................................... 86
　　五、实验步骤 .................................................................................... 86
　　六、思考题 ........................................................................................ 86

**实验九　湿法腐蚀工艺** .......................................................................... 87
　　一、引言 ............................................................................................ 87
　　二、实验原理 .................................................................................... 87
　　三、实验内容 .................................................................................... 93
　　四、实验步骤 .................................................................................... 93
　　五、思考题 ........................................................................................ 93

**实验十　化学机械抛光（CMP）工艺** .................................................. 94
　　一、引言 ............................................................................................ 94
　　二、实验目的 .................................................................................... 94
　　三、实验原理 .................................................................................... 94
　　四、实验内容 .................................................................................... 98
　　五、实验步骤 .................................................................................... 98
　　六、思考题 ........................................................................................ 98

**参考文献** .............................................................................................. 99

# 概　　述

## 硅集成电路工艺简介

1947年12月，美国贝尔实验室的肖克利等人研制出了世界上第一只晶体管，开启了电子技术领域的重大革命。与电子管相比，晶体管具有体积小、重量轻、耗电省和可靠性高等一系列优点，因此在短时期内，它就逐步取代了电子管的地位，并促进了电子计算机、收音机等电子设备的小型化。随着科学技术的发展，电子设备规模越来越大，电路越来越复杂，元件的焊接点数目也大量增加。在众多元件和焊接点中，只要有一个损坏，整个系统就会处于不正常的工作状态。所以人们设想把电子元件制作在一小块晶体上，取代由大量分立元件组成的电路系统，这样使设备体积大大缩小，更重要的是由于焊接点大量减少，整机的可靠性大大提高了。从20世纪60年代开始，随着硅的热氧化、扩散掺杂和腐蚀等关键工艺得到解决，硅基集成电路开始迅速地发展。集成电路的出现打破了电子技术中器件与线路分离的传统，使晶体管和电阻、电容等元器件以及它们之间的互连线都被集成在小小的半导体基片上，开辟了电子元器件与线路甚至整个系统向一体化发展的方向，为电子设备的性能提高、体积缩小、能耗和价格降低提供了新的途径。

目前，单个芯片上的元件数目仍按照摩尔定律在继续增加，2024年，单个芯片中的元件数已超过1000亿个；而集成电路最小特征尺寸也不断缩小，台积电、三星等头部企业的3nm工艺线已经投产。近几年来，我国积极引进国外的先进技术，使集成电路的制造水平得到了迅猛发展，但与世界先进水平仍有很大的差距。由于集成电路是现代信息技术的核心，其制造技术的落后严重制约着我国的经济发展和产业升级，因此集成电路工艺技术的开发和人才的培养极为重要。

集成电路按结构形式可以分为半导体集成电路和混合集成电路两大类。其中，硅基半导体集成电路是最常见的一种集成电路，按组成集成电路的晶体管类型可分为MOS集成电路、双极型集成电路和BiMOS集成电路等。实际生产过程中，可通过顺次运用不同的单项工艺技术，最终在硅片上实现所设计的图形和电学结构。本课程即让学生了解和掌握硅集成电路的主要工艺技术，图0.1所示为双极型集成电路制造的基本工艺流程。

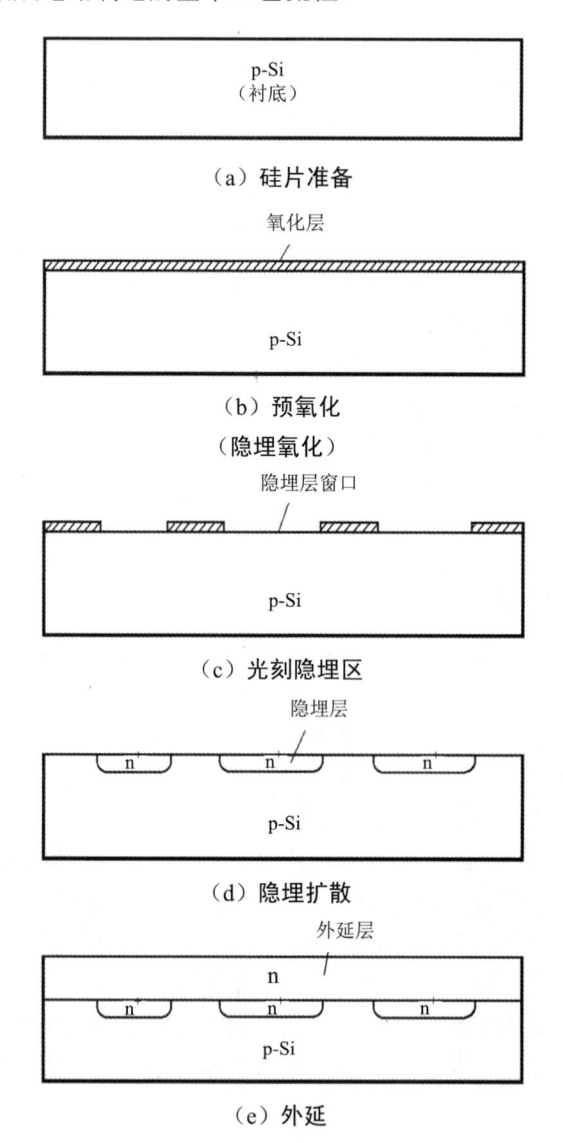

（a）硅片准备

（b）预氧化（隐埋氧化）

（c）光刻隐埋区

（d）隐埋扩散

（e）外延

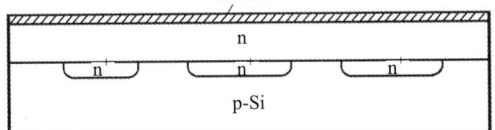

(f) 隔离氧化

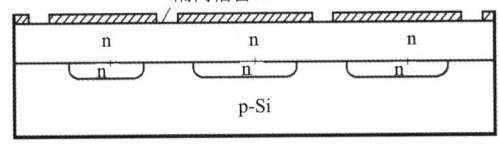

(g) 光刻隔离区

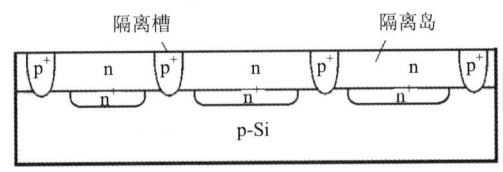

(h) 隔离扩散

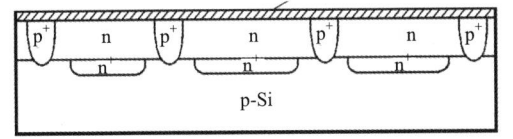

(i) 基区氧化
（一次氧化）

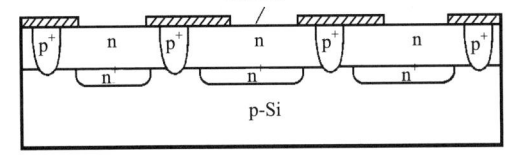

(j) 光刻基区

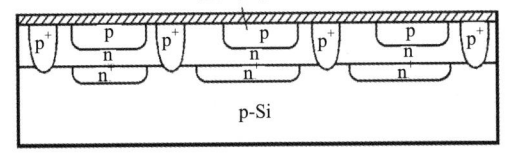

(k) 基区扩散

(l) 光刻发射区

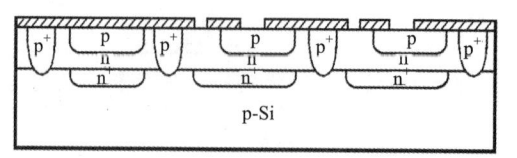

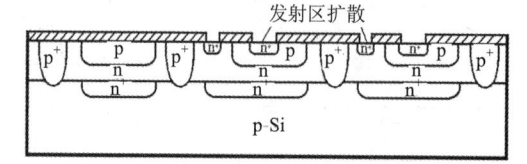

(m) 发射区扩散

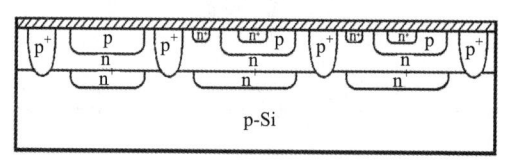

(n) 引线孔氧化
（三次氧化）

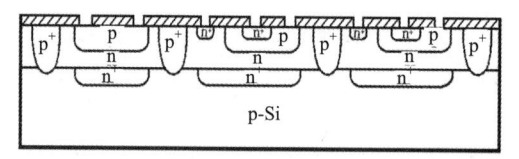

(o) 光刻引线孔

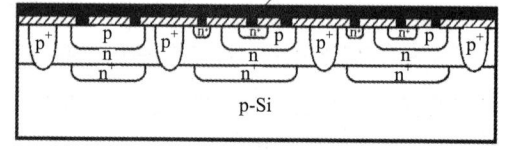

(p) 金属层沉积

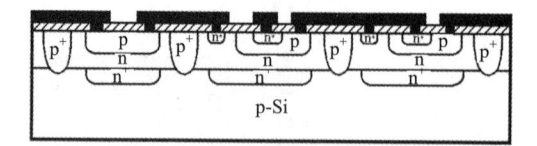

(q) 光刻引线

图 0.1 双极型集成电路制造的工艺流程图

从图 0.1 中可以看出，在双极型集成电路制造的工艺过程中，综合应用了清洗、氧化、扩散、外延、光刻及刻蚀、溅射等多项平面工艺。这些平面工艺技术是目前国内外经常碰到的集成电路制造技术，也被广泛应用于各种半导体分立器件的制备。在本实验课程中，涵盖了集成电路制造的基本工艺技术，通过本课程教学内容的学习，为学生从事微电子技术研究提供必需的基础。

为了使学生对工艺实验在集成电路制造中的作用以及集成电路制造的全过程有较直观的了解，在这里对重要的单项工艺先作一个简单的介绍，学生也可以参阅有关的理论教材或参考书，以期得到工艺实验前的预备知识。

## 一、清洗工艺

集成电路制造工艺对硅片表面的洁净程度要求极高，这是因为，一方面硅片表面的有机物、颗粒及自然氧化层等污染物会对工艺过程造成影响，增加光刻或外延层中的缺陷；另一方面 $K^+$、$Na^+$ 等碱金属离子或 Fe、Cu、Ni 等过渡金属粒子进入硅及二氧化硅中，将严重影响器件的性能。因此，集成电路工艺制造必须在专门的超净厂房里进行，制造过程中所使用的各种原材料都要求具有很高的纯度，而在光刻、外延等工艺环节之前，必须对硅片做专门的清洗，以去除上述污染物，保证硅片表面的清洁，提高产品良率。

清洗工艺可以简单分为湿法清洗和干法清洗，湿法清洗是传统的硅片清洗方法，其原理是通过化学溶液（酸或碱与氧化剂的混合物）与污染物的反应作用，并伴以超声、加热、抽真空等物理措施，使杂质从被清洗物体的表面脱附，然后用大量高纯的去离子水冲洗。干法清洗是在气相环境中，利用具有化学活性的气体将污染物氧化来去除的，这一方法可以和现有的气相沉积工艺很好地兼容。

## 二、氧化工艺

集成电路中的氧化工艺是指采用热生长法制备二氧化硅薄膜，即将硅片放入高温氧化炉中，通入氧气、水汽等氧化剂，使硅片表面氧化生成二氧化硅薄膜。按照氧化剂的不同，可以将氧化方法分为干氧氧化、水汽氧化和湿氧氧化等。氧化工艺虽然操作简单，但却是硅基平面工艺的基础，二氧化硅介质对集成电路的制造起着极其重要的作用：

（1）扩散及离子注入时对杂质起掩蔽作用；
（2）对集成电路元件的表面起钝化保护作用；
（3）作为集成电路中金属引线与元件或金属层之间的绝缘介质层；

（4）作为电容器中的介质层；
（5）作为器件之间的隔离介质；
（6）作为 MOSFET 器件的栅极电介质。

## 三、扩散工艺

扩散是微观粒子的一种热运动形式，运动的结果使得粒子在空间的浓度分布趋于一致。集成电路中的扩散是指在高温下将硼和磷等杂质原子掺到硅晶体中去，以改变硅晶体的电学性质，并使得掺入的杂质数量、浓度分布形式和深度等都满足要求。扩散工艺是半导体中掺杂的重要方法之一，也是集成电路制造中的重要工艺。目前扩散方法已广泛用来形成双极型晶体管的基极、发射极、收集极，MOS 晶体管的源、漏等，并可用来对多晶硅进行掺杂。

在双极型晶体管的制造工艺中，根据杂质补偿原理，当 P 型杂质硼扩散区的杂质浓度高于 N 型外延层的杂质浓度时，该扩散区的导电类型就转化为 P 型，然后在此 P 型区内，通过局部的高浓度磷扩散又转化为 $N^+$ 型，从而形成 $N^+$-P-N 或 $P^+$-N-P 的三层式结构。当加以相应的电极引线以后，就形成三极管的特性。一般来讲，各区域的杂质浓度差约为二个数量级，例如双极型逻辑电路的外延层杂质浓度约 $2\times10^{16}/cm^3$，P 型基区表面浓度约 $2\times10^{18}/cm^3$，$N^+$ 型发射区表面浓度约 $2\times10^{20}/cm^3$。

硼扩散工艺分为浓硼和淡硼两种。浓硼扩散［即图 0.1（h）的隔离扩散]的作用是把 N 型外延层分割成许多 N 型隔离岛，周围被 P 型导电层所包围，使岛与岛之间存在着两个背靠背的 P-N 结。只要这两个 P-N 结不漏电，岛与岛之间在电学上是绝缘的。这样在每个岛上分别做二极管、三极管、电阻等元件，它们彼此是独立的，仅当表面通过电极铝引线相互连接才会形成具有一定功能的电路。淡硼扩散[即图 0.1（k）的基区扩散]的作用是在 N 型隔离岛上形成一个 P 型区。它是在光刻基区工序的基础上，高温下使硼杂质原子从基区窗口中扩散进去，在有氧化层掩蔽处，硼原子被挡住，这样在基区窗口下面的 N 型层就被反型成 P 型区，P 型扩散层的厚度一般控制在 2 μm 左右。在大规模集成电路中，厚度在 1 μm 以内，这个 P 型区将作为三极管的基区。

磷扩散目的是形成发射区，它是在淡硼区的发射区窗口内扩入浓磷，杂质浓度达 $10^{20}\sim10^{21}/cm^3$，使原来杂质浓度为 $10^{17}\sim10^{18}/cm^3$ 的基区内局部区域（发射区窗口下）由 P 型转化为 $N^+$ 型。磷扩散是形成三极管的一道关键工艺，其扩散温度和时间需要操作技术人员灵活控制，为了防止基区陷落效应，磷扩散通常采用高温快扩散工艺，这对手工操作技术人员有比较高的要求。

## 四、离子注入工艺

随着集成电路集成度的提高以及电路传输速度的提高，要求集成电路中器件的结深和基区宽度越来越小，还要求杂质分布有较高的均匀性，热扩散工艺已无法满足要求。除此以外，在一些低功耗超高速电路中，电阻值往往是在几十千欧至几百千欧，如果采用热扩散电阻，电阻所占面积很大，使集成电路的集成度难以提高，离子注入工艺就是针对上述困难提出的。目前已有采用全离子注入工艺制造超大规模集成电路，这项工艺是集成电路发展的方向。简单地说离子注入工艺就是把某些杂质的原子（如硼、磷、砷等）经离化后成为带电的杂质离子，然后用强电场加速使这些离子具有很高的能量（约几万到上百万eV），并直接轰击硅片表面。当离子进入硅片表面后受到硅原子的阻挡而停留在硅片内，便形成一定的杂质分布。在不需要掺杂处，通常采用光刻胶作掩蔽层，从而达到定域掺杂的目的。离子注入硅片表面的深度依赖于离子束的能量，而掺杂浓度则依赖于离子束的剂量。离子束轰击硅片表面后，表面晶格及体内晶格将被大量破坏。注入离子所造成的晶格损伤，对材料的电学性质会产生重要的影响。例如，由于散射中心的增加，使载流子迁移率下降；缺陷中心的增加，会使非平衡少数载流子的寿命减少，P-N结的漏电流也因此而增大。另外，离子注入的掺杂机理与热扩散不同，在离子注入中，是把欲掺杂的原子强行射入晶体内，被注入的杂质原子大多数都存在于晶格间隙位置，起不到施主或受主的作用。因此必须将注有离子的硅片在一定温度下经过适当时间的热处理（也称热退火），硅片中的损伤就可能部分或绝大部分得到消除，少数载流子的寿命以及迁移率会不同程度地得到恢复，掺入的杂质也将得到一定比例的电激活。退火温度通常控制在900℃左右。

## 五、光刻工艺

光刻是一种图形复印和化学腐蚀相结合的精密表面加工技术，其构想来源于印刷技术中的照相制版技术。光刻工艺是集成电路工艺中的关键性技术，近些年来，光刻技术的不断更新，有力地推动了集成电路工艺的高速发展。

图2是光刻过程示意图，在硅片上生长一层氧化层，再涂上一层光刻胶。上面放一块掩模板进行曝光，掩模版的图形同需要刻蚀形成的氧化层图形是对应的，对负性光刻胶而言，其中氧化层要刻掉的部份对应于掩模版上不透光的部份，要保留的部份对应于掩模版透光的部分。经过紫外光曝光后，光刻胶性质发生变化，其中未受光照的部份可以用显影液洗去，光照过的部份不溶解于

显影液。留下来的光刻胶有耐酸腐蚀的特性,因此将硅片放在腐蚀液中,就可以使未被感光胶保护的氧化层腐蚀掉,而有光刻胶保护的氧化层,被保留下来[如图0.2(a)所示]。负性光刻胶所获得的氧化层图形是掩膜版图形的负影像,相反,正性光刻胶经过光刻工艺流程后,氧化层上获得的图形是掩膜版图形的正影像[如图0.2(b)所示]。利用氧化层对杂质的掩蔽作用,将光刻后的硅片进行扩散,则杂质只能从没有氧化层的区域扩散进去,从而达到了严格控制扩散P-N结尺寸和图形的目的。由图1可见,在一般的双极性工艺中,按次序有光刻隐埋区,光刻隔离区,光刻基区,光刻发射区,光刻引线孔、反刻等六次光刻,如果在超大规模集成电路和CMOS集成电路中光刻次数就更多了。从第二次光刻起,每次光刻都有同前面的图形对准的问题,这就是所谓的套刻。例

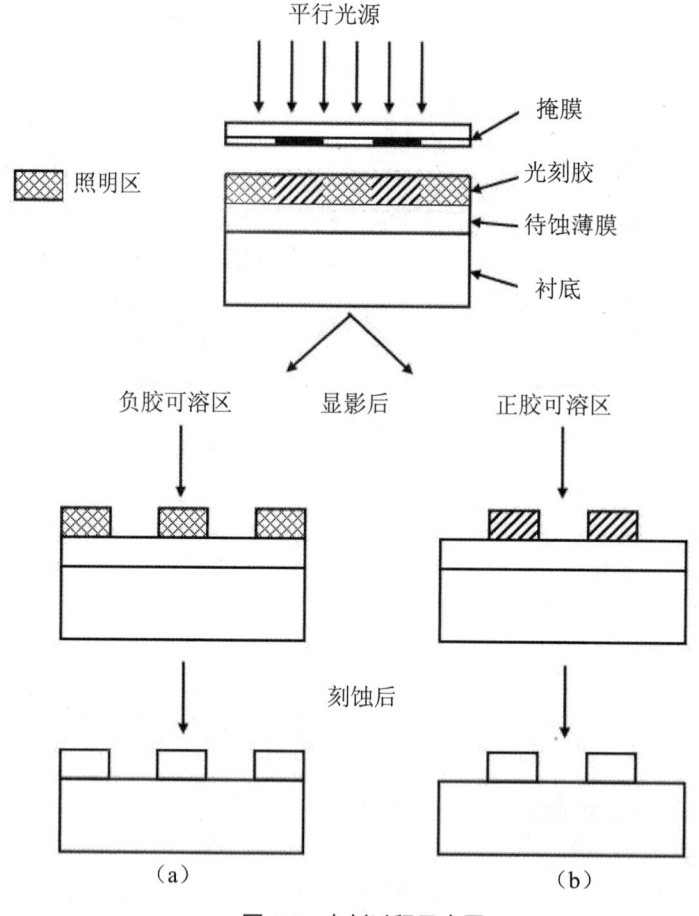

图0.2 光刻过程示意图

如光刻发射区时，发射区的位置一定要套在基区中特定的部位上，否则对以后光刻引线孔带来困难。利用光刻工艺不但可以在硅片上制作复杂的几何图形和严格控制尺寸，而且可以在一块硅片上同时做出几百个电路或几万只管子，因而给晶体管和集成电路的大批量生产带来了极大的方便。光刻工艺和氧化工艺的巧妙结合是集成电路诞生的基础。随着光刻设备精度的提高，使上百万乃至上千万个元件集合的单片超大规模集成电路的实现成为可能。

## 六、蒸发工艺

通过氧化、扩散、光刻、外延等工艺，在一块单晶硅片上制成了集成电路中的晶体管、二极管和电阻等元件并实现了它们之间的隔离。但这些元件还必须按一定的要求连接起来，以便构成某一功能的电路，物理气相沉积技术（蒸发、溅射等）就是针对这个问题提出的。

真空蒸发法是最基本的一种薄膜制备方法，其原理是在真空条件下，加热蒸发源，使原子或分子从蒸发源表面逸出，气相的原子或分子入射到硅衬底表面，凝结形成固态薄膜。其应用如图 1（16）所示，采用真空镀膜的办法，在做好电路元件的硅片表面蒸上一层厚度 1~1.5 μm 的铝层，然后通过光刻刻出线条。这样就实现了电路中各元件间的互联，以构成某一功能的电路。真空镀膜过去一般均采用钨丝电阻加热器，目前已较多采用高能电子束直接打到蒸发源表面，使其熔化蒸发，在硅片表面形成薄膜。这样可避免因钨丝加热器造成的蒸发源的沾污。

## 七、溅射工艺

具有一定能量的入射离子撞击到固体表面时，入射离子在与固体表面原子的碰撞过程中将发生能量和动量的转移，并可能将固体表面的原子溅射出来，这种现象称为溅射。溅射法是物理气相沉积薄膜的另一种方法，溅射法镀膜是利用辉光放电将工作气体离化，带电荷的离子（一般为 $Ar^+$）在电场作用下加速撞击靶电极，使靶表面的原子溅射出来，沉积到硅衬底上形成薄膜。同蒸发法相比，溅射法制备薄膜的一个突出特点是，在溅射过程中，入射离子与靶材之间有很大的能量传递。因此，溅射出的原子在这一过程中获得了很大的动能，其数值可达 10 eV 以上。相比之下，蒸发原子所获得的能量一般只有 0.1 eV 左右。能量的增加提高了沉积原子在衬底上的迁移能力，因此溅射获得的薄膜膜层致密，与衬底之间有很好的粘附性。现在溅射工艺在大规模和超大规模集成电路制造中的应用极为广泛。

## 八、等离子体化学气相沉积（PECVD）工艺

等离子体化学气相沉积（PECVD）工艺除了生长氮化硅以外，还可以生长多晶硅，二氧化硅及磷硅玻璃等各种介质膜，用途非常广泛。氮化硅薄膜在集成电路制造过程中有两个作用：其一，氮化硅薄膜作为一种钝化膜，弥补了二氧化硅钝化作用的不足，其二，氮化硅薄膜的应力作用与二氧化硅薄膜的应力作用正好相反，在二氧化硅层上再淀积一层氮化硅薄膜可减少硅表面的界面态密度，从而提高器件的电性能。

等离子体增强化学气相沉积技术原理是利用低温等离子体作能量源，样品置于低气压下辉光放电的阴极上，利用辉光放电（或另加发热体）使样品升温到预定的温度，然后通入适量的反应气体，气体经一系列化学反应和等离子体反应，在样品表面形成固态薄膜。PECVD方法区别于其他CVD方法的特点在于等离子体中含有大量高能量的电子（1~20 eV），它们可以提供化学气相沉积过程所需的激活能。电子与气相分子的碰撞可以促进气体分子的分解、化合、激发和电离过程，生成活性很高的各种化学基团，因而显著降低CVD薄膜沉积的温度范围，使得原来需要在高温下才能进行的CVD过程得以在低温实现。由于PECVD方法的主要应用领域是一些绝缘介质薄膜的低温沉积，因而PECVD技术中等离子体的产生也多借助于射频的方法。

通过上述介绍，主要让同学们对集成电路制造的各道工艺有一个初步的了解，详细内容通过实验将会得到深入的了解。希望同学们在实验中一定要抱着认真、细致的态度做好每个实验，为今后研究和制造集成电路打下必要的基础。

# 实验一　清洗工艺

## 一、引言

清洗是集成电路制造过程中非常重要的工序。制造集成电路的硅晶圆以及与它相接触的 Al、Cu 等金属材料、石英玻璃器皿（如石英管、石英舟、石英棒等）均要求有很高的清洁度，否则就不可能得到高质量、高良率的集成电路产品。除了必须保证超净的生产环境，使用高纯度的原材料及石英玻璃器皿等设备以外，要去除硅晶圆上的有害杂质，正确的清洗方法是降低成本、提高效率的重要保证。

## 二、实验目的

1．了解去离子水的制备原理与工艺。
2．掌握硅晶圆、金属材料和石英玻璃器皿的清洗原理，学会正确的清洗方法。

## 三、实验原理

清洗工艺可以简单分为湿法清洗和干法清洗，湿法清洗是传统的硅片清洗方法，其原理是通过化学溶液（酸或碱与氧化剂的混合物）与污染物的反应作用，并伴以超声、加热、抽真空等物理措施，使杂质从被清洗物体的表面脱附，然后用大量高纯的去离子水冲洗。

在半导体集成电路制造中，对清洗用水的纯度有比较高的要求，一定要用经过纯化的去离子水（超纯水）。高纯度的去离子水由原水经过预处理、预脱盐和深度除盐等步骤获得。

（一）去离子水的制备

1．原水的预处理
原水通常有两类：一类是地面水，另一类是地下水。水是一种溶解能力很强的溶剂，在同外界的接触过程中，它不可避免地溶解或者混进各种杂质，因此原水是不纯的。实验室所用的自来水虽然经过水厂的处理，但仍然含有大量的杂质，远未达到集成电路工艺要求的水平。原水预处理的目的是使水质纯化，获得超纯净的去离子水。

（1）原水中杂质的特性

原水中含有各种杂质，这些杂质可分为三类：悬浮物、胶体和溶解物质。

水中的悬浮物：原水中凡是粒径大于 0.1 μm 的杂质统称为悬浮物，这类杂质有显著的混浊现象，在静止时会自行沉降，可以设置砂过滤器去除。悬浮物中以颗粒较重的泥沙类无机物质为多，还包括浮游生物及微生物。

水中的胶体杂质：胶体杂质的粒度小于悬浮物，它的大小为 1～100 nm。胶体具有吸附离子的特点，使颗粒之间产生电性斥力而不能相互粘结。这些颗粒始终稳定在微粒状态而不能自行下沉。

水中的溶解杂质：这类杂质以低分子或离子状态存在于水中。其中低分子杂质的大小为 5～10 Å，主要有有机碱、有机酸、氨基酸和碳水化合物等。无机离子的大小约为 0.5～8 Å，主要的阳离子有：$H^+$、$Na^+$、$K^+$、$Ca^{2+}$、$Mg^{2+}$等；主要阴离子有：$OH^-$、$HCO_3^-$、$Cl^-$、$SO_4^{2-}$等。

（2）原水的预处理

水预处理的目的是保证后续水处理——反渗透系统的可靠运行。预处理的主要对象是原水中的悬浮杂质，胶体杂质以及自来水厂为抑制水中细菌及藻类生长所加入相当量的氯。原水处理一般包括：水的混凝、砂过滤、活性炭吸附等工艺。

①混凝处理

水中带电胶体杂质由于相互间的电性斥力而处于稳定状态。混凝的目的是外加药剂来破坏这种稳定状态。混凝工艺可分为两个过程。

加药：在原水泵进水口（或出水口）以一定的流量比由计量泵加入混凝剂。

混合：混合的主要作用是让药剂迅速均匀地扩散到水中，使水中杂质微粒在短时间里形成矾花，以提高砂过滤器的过滤效率。

②砂过滤

在滤料层中，砂粒表面是一种很好的接触介质。水通过滤料时，水中杂质与砂粒表面相互碰撞接触，由于分子间的引力作用，杂质颗粒便粘附在砂粒表面或悬浮物上。

③活性炭吸附过滤

对于粒度在 10～20Å 的无机胶体、有机胶体和溶解性有机高分子杂质，选用吸附力极强的活性炭去除这类杂质。活性炭的表面积可达 500～2000$m^2$/g，微孔的直径从几埃到几千埃。活性炭的表面吸引力与被吸附物质的分子大小有关，被吸附物质的分子直径越接近于微孔尺寸，表面吸附力就越大。活性炭对有机物的吸附最为有效。通常情况下，活性炭可去除水中90%以上的有机物。

（3）原水的脱氯

为了抑制细菌及藻类的生长，自来水厂必须在水中加入大量的氯来杀菌。原水在做软化的反渗透处理前必须脱氯。用活性炭过滤脱氯不会影响水质，其作用原理反应式如下：

$$C+2Cl_2+2H_2O == CO_2+4HCl$$

2．预脱盐处理

反渗透法除盐水处理系统是先进的预脱盐方法。反渗透是一项新型隔膜分离技术，它是通过反渗透膜把水分子和大的离子分离出来。

（1）反渗透原理

用一种特殊性能的膜，将一个盛水容器分隔开。这种膜只允许水透过，而不允许溶质透过，所以此膜就被称为半透膜。在膜的一侧注入稀溶液，而在膜的另一侧注入浓溶液，将这两种溶液置于大气压下，并且处于同一水平面上。通过观察发现，稀溶液一侧的液面逐渐下降，而浓溶液的一侧液面逐渐升高，这种现象被称为渗透。经过一段时间，两液面不再发生变化，此时两液面的高度差称为渗透压$H$，如图1.1所示。

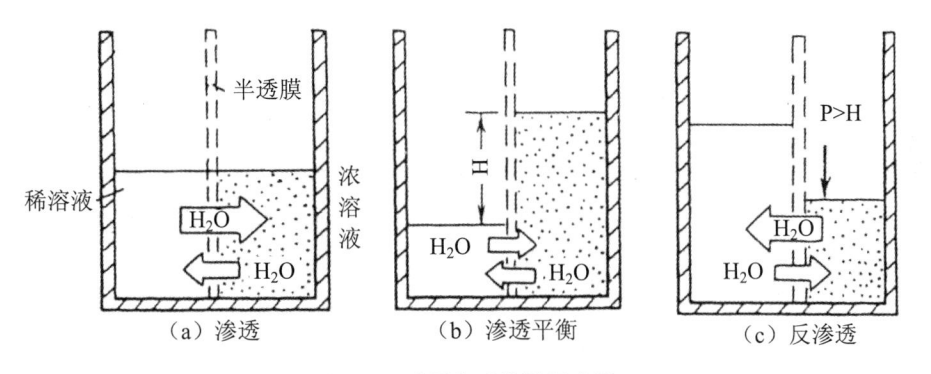

图1.1 渗透和反渗透示意图

溶剂通过半透膜的渗透是一个可逆过程，渗透的推动力是膜两侧溶液的浓度差。渗透开始时，稀溶液中溶剂的渗透速度大，因此稀溶液的液面不断下降，浓溶液液面不断上升。在渗透过程中，膜两侧的浓度差逐渐减小，而使压力差逐渐增加，当膜两边的压力差所产生的推动力与浓度差产生的推动力相等时，膜两侧溶剂的渗透速度也就相等，此时渗透达到平衡，如图1.1（b）所示。如果向浓溶液一侧的液面上施加压力$P$，且大于渗透压$H$时，那么浓溶液一侧溶剂的渗透速度就大于稀溶液侧溶剂的渗透速度，结果浓溶液的液面会下降，稀溶液的液面上升。这种在外加压力的作用下，浓溶液中的溶剂（水）通过半透膜向稀溶液中的渗透称为反渗透，所施加的压力 $P$ 称为反渗透压，如图1.1（c）所示。所以压力差是反渗透的主要推动力。半透膜两侧浓度差愈大，要达到反渗透的目的所需施加的压力就愈大。为了不致需要很高的压力来克服此种反方向的浓度差作用，反渗透处理的原水的浓度不宜太高。

（2）反渗透膜

反渗透膜是一种半透膜。目前，人工合成的反渗透膜中得到广泛应用的有醋酸纤维素膜的芳香聚酰胺中空纤维膜。反渗透技术经过几十年的发展，无论在膜的材料，膜的结构和膜的制造技术方面都日趋成熟。经过反渗透技术处理的淡水与原水相比，其脱盐率在百分之九十七以上。

（3）反渗透除盐水处理系统

原水通过反渗透装置后，可得到净化水（简称淡水）和浓缩水（简称浓水）。如果淡水是由一次反渗透制成的，这种系统就称为一级反渗透。如果将一级反渗透制得的淡水再次经反渗透装置净化，则称为多级反渗透系统。若将一级反渗透系统排出的浓水再次经反渗透装置净化，则称为多段反渗透系统。为了提高淡水的水质，可采用多级系统；为了提高水的回收率，则采用多段反渗透系统。

3．深度除盐处理

经过反渗透系统得到的淡水仍含有无机盐类，以阴、阳离子的形式存在于水中。通常阳离子有钙（$Ca^{2+}$）、镁（$Mg^{2+}$）、钠（$Na^+$）、铁（$Fe^{3+}$）、锰（$Mn^{2+}$）、钾（$K^+$）、铜（$Cu^+$）、等金属离子；阴离子有氯根（$Cl^-$）、硫酸根（$SO_4^{2-}$）、重碳酸根（$HCO_3^-$）、硅酸根（$HSiO_3^-$）等。用离子交换树脂能迅速地将水中的杂质离子去除，从而得到优质的去离子水。

（1）制备原理

离子交换树脂是一种不溶性高分子材料，它分阳离子交换树脂（简称阳树脂）和阴离子交换树脂（简称阴树脂）两种。含有氢离子（$H^+$）的阳树脂称为H型阳树脂，它能与水中的杂质阳离子产生置换反应。其反应式为

$$R(H^+)+Na^+=R(Na^+)+H^+$$

经过阳树脂交换后流出的水中有过剩的氢离子（$H^+$），因此是酸性的。同样，我们把含有氢氧根离子（$OH^-$）的阴树脂称为$OH^-$型阴树脂，它能与水中的杂质阴离子发生置换反应，从而置换出氢氧根离子。

$$M(OH^-)+Cl^- = M(Cl^-)+OH^-$$

经阴树脂交换后流出的水中含有过剩的氢氧根离子，因此是碱性的。在水中氢离子同氢氧根离子相遇就会生成中性的水。

$$H^+ + OH^- = H_2O$$

这样，原水通过阳树脂和阴树脂，使杂质离子被树脂所置换，成为纯度很高的去离子水。必须指出，上述置换反应是可逆的。杂质离子可以置出树脂中的氢离子或氢氧根离子，氢离子或氢氧根离子也可以置出树脂中所包含的杂质离子。利用上述反应可逆的原理，既可以利用树脂对杂质离子的交换作用将水中的杂质离子去除，达到纯化水的目的，又可以将已经被水中杂质离子交换过的失效树脂经过适当的处理后，恢复交换能力。后一过程称为树脂的再生。在阳树脂再生时，加入一定量的酸（一般用盐酸），使它发生如下反应

$$R(Na^+) + HC = R(H^+) + NaCl$$

在阴树脂再生时，加入一定量的碱（一般氢氧化钠），使它发生如下反应

$$M(Cl^-) + NaOH = M(OH^-) + NaCl$$

从上述反应可以看出，再生的过程就是用氢离子或氢氧根离子置换出树脂中的杂质离子的过程。

（2）水的纯化

将具有交换能力的阳树脂和阴树脂按一定的比例混合后装入聚氯乙烯或有机玻璃做的圆柱形交换柱内。电阻率为几百千欧姆·厘米的淡水自上而下地通过交换柱，就可以成为高纯度的去离子水，电阻率可达到18兆欧姆·厘米。采用新一代的超纯水制备技术——EDI技术，可将离子交换技术和电渗析技术相结合，通过水电离产生的氢离子和氢氧根离子对离子交换树脂进行再生，因此不需要酸碱化学再生而能连续制取去离子水。

（3）水的纯度与测量

由于水中的阴、阳离子都有导电能力，所以水中离子越多，水的电阻率就越低，反之，水的电阻率越高，表示水中的离子越少。因此，水中离子的多少可以用水的电阻率大小来表示。原水中离子比较多，电阻率约为几千欧姆·厘米。经过反渗透机处理的淡水，电阻率为几百千欧姆·厘米。最后经离子交换树脂处理得到的集成电路制造用去离子水电阻率可达到18兆欧姆·厘米。水的电导率通常用电导仪来测量。

实验室制备去离子水系统为RO-EDI-250型去离子水系统，如图1.2所示。

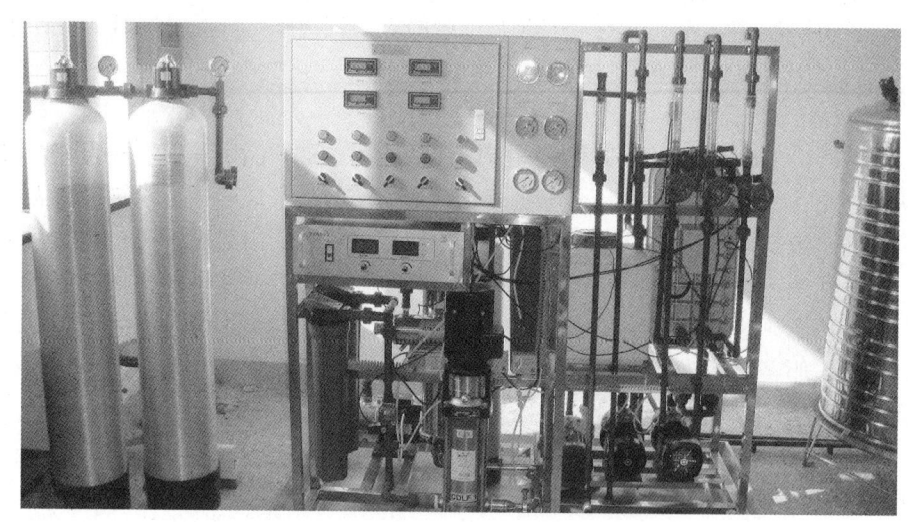

图 1.2　RO-EDI-250 型去离子水系统

（二）硅片清洗工艺

1．硅片清洗的任务

吸附在硅片表面的杂质多种多样，包括大的颗粒、有机污染物、金属杂质、自然氧化层等，按吸附原理一般可分为分子型、离子型和原子型三种。高分子的有机化合物，例如油脂、树脂、光刻胶以及有机溶剂的残渣属于分子型杂质。它们与物体表面的接触，通常是依靠静电引力来维持，因此是一种物理吸附现象。由于高分子有机化合物大多不溶于水，当它们吸附在物体表面时使物体表面疏水，从而阻碍了去离子水、酸、碱溶液与硅片表面的有效接触，使得去离子水或酸、碱溶液无法与硅片表面或其他杂质粒子相互作用，因此无法进行有效的化学清洗。所以在化学清洗中，首先考虑的是去除物体表面的分子型杂质。离子型杂质有 $K^+$、$Na^+$、$Ca^{2+}$、$Mg^{2+}$、$Fe^{3+}$、$Cl^-$、$S^{2-}$、$(CO_3)^{2-}$ 等。这类杂质的来源很广，可来自于空气、生产用具和生产设备、化学药品、纯度不高的去离子水以及操作者的鼻、嘴呼出的气体、手上的汗液等各种途径。由于离子型杂质本身是带电荷的，所以它们吸附在物体表面靠化学吸附。当它们存在于硅片表面时，有的可以是晶格自由电子的束缚中心，充当电子的陷阱，起着受主的作用，有的可以是自由空穴的束缚中心，起着施主的作用，由此导致硅片表面电荷量发生变化，引起半导体逸出功和表面电导率的相应改变。因此这种表面杂质离子是导致硅片表面界面态密度发生变化的一个重要因素。此外，这些杂质离子与晶格原子间的吸附能大于硅片表面势垒高度时，会产生在硅片表面的迁移现象，而这种迁移又与环境温度的高低以及外加电场的大小有关。当温度升高或外加电场增大时，这种迁移现象就更加明显。所以硅片表面杂质离子的沾污是造成器件性能不稳定和可靠性低劣的原因之一。原子型杂质吸附和离子型杂质吸附一样，同属化学吸附范畴，其吸附力最强，比较难以清除。原子型杂质主要有金、银、铜、铁、镍等重金属原子。吸附在硅片表面的重金属原子可以成为表面复合中心，使半导体表面复合率大为增加。如果经过高温热处理，还会比III、V族杂质更快地扩散进入硅片体内，成为体内的复合中心，降低体内少子寿命。如果聚集在位错线上，就会形成"管道"，造成器件很大漏电，从而使器件参数变坏，甚至造成产品不合格。

2. 硅片清洗方法——湿法清洗

1965年由Kern和Puotinen等人在N.J.Princeton的RCA实验室首创了RCA标准清洗法，这是一种典型的、至今仍为最普遍使用的湿法化学清洗工艺。RCA清洗方法一般包括以下四种化学清洗液：SPM，APM（SC-1），HPM（SC-2），DHF。目前在半导体器件生产中，广泛采用RCA方法来清洗硅片，它既可以清除硅片表面的高分子有机化合物，如蜡、松香、光刻胶、油脂等，又可以去除无机杂质。不但能和强酸一样除去较活泼的金属，同时还可以清除像金、铂等这类较难溶解的重金属及其离子。而且使用时比较安全，不像硫酸、王水之类的溶液溅在人体的皮肤上会导致灼伤，它们在清洗过程中，经过十分钟的烧煮，基本上挥发掉，仅留下水和络合物，大大减少了对环境的污染，所以深受使用者的欢迎。

湿法清洗的一般思路是首先去除硅片表面的有机污染物，因为有机物会遮盖部分硅片表面，从而使氧化膜与之相关的杂质难以去除；然后溶解氧化膜，因为氧化层是"沾污陷阱"，也会引入外延缺陷；最后再去除颗粒、金属等杂质，同时使硅片表面钝化。下面具体分析各清洗液的作用和清洗的步骤。

（1）SPM：$H_2SO_4$和$H_2O_2$混合溶液。由于$H_2SO_4$和$H_2O_2$都是强氧化剂，因此SPM具有很高的氧化能力，可将金属氧化后溶于清洗液中，并能把有机物氧化生成$CO_2$和$H_2O$。用SPM清洗硅片可去除硅片表面的重有机污染和部分金属，但是当有机物污染特别严重时会使有机物碳化而难以去除

（2）APM（SC-1）：$NH_4OH/H_2O_2/H_2O$按一定比例混合。$NH_4OH$是一种弱碱溶液，它可以有效地清除高分子的有机化合物，同时也可以与许多金属离子（如$Fe^{3+}$、$Al^{3+}$、$Cr^{3+}$、$Cu^{2+}$等）反应生成不溶性的氢氧化物沉淀。如

$$3NH_4OH + Fe^{3+} = 3NH_4^+ + Fe(OH)_3\downarrow$$

氨水不仅作为碱溶液去除杂质，更重要的是它充当络合剂的作用，能与许

多重金属离子（如 $Ag^+$、$Pt^{4+}$、$Cu^{2+}$、$CO^{2+}$、$Ni^{2+}$ 等）发生络合作用，提供内配位体形成各种可溶性的络合物，而后被高纯的去离子水清除。

在碱性的或酸性的溶液中，过氧化氢可使低价化合物氧化成为高价化合物，同时可以使一些难溶的物质发生氧化，变为可溶物质。例如在酸性溶液中，它可使较难失去电子的碘化物氧化而放出碘，也可使 $Fe^{2+}$ 氧化成 $Fe^{3+}$，其反应式如下

$$H_2O_2 + 2KI + 2HCl = 2KCl + I_2 + 2H_2O$$

$$2Fe^{2+} + H_2O_2 + 2H^+ = 2Fe^{3+} + 2H_2O$$

在碱性溶液中能使难溶的五硫化二砷（$As_2S_5$）氧化成为可溶性的砷酸盐，其反应式为

$$As_2S_5 + 20H_2O_2 + 16NH_4OH = 2(NH_4)_3AsO_4 + 5(NH_4)_2SO_4 + 28H_2O$$

（3）HPM（SC-2）：$HCl/H_2O_2/H_2O$ 按一定比例混合。HPM 中过氧化氢的作用与上面所述类同。而盐酸是作为强酸出现，它能和许多活泼金属及金属氧化物（如 $CaO$，$Fe_2O_3$）、硫化物（如硫化铝）等互相作用，使这些杂质成为可溶解的物质。另外盐酸还具有络合剂的作用，盐酸中的氯离子将为 $Au^{3+}$、$Pt^{2+}$、$Cu^+$、$Ag^+$、$Hg^{2+}$、$Cd^{2+}$、$CO^{3+}$、$Ni^{3+}$、$Fe^{3+}$ 等金属离子提供内配位体，形成可溶于水的络合物。

由此可见，在 HPM 中，$H_2O_2$ 可不断把杂质氧化成为高价离子或氧化物，而 HCl 中的氯离子又把这些高价离子或氧化物络合成可溶性的络合物，而后由去离子水冲洗清除掉，从而达到清除硅片表面杂质的目的。

（4）DHF：稀释的氢氟酸。在栅氧化、外延等工艺之前的清洗中，采用 DHF 作为最后一步的化学试剂清洗，以去除硅表面的自然氧化层，称为 HF 结尾。

典型的湿法清洗工艺流程如表 1.1 所示。

表 1.1 湿法清洗工艺流程

| 清洗步骤 | 化学溶剂 | 清洗温度 | 清除的污染物 |
| --- | --- | --- | --- |
| 1 | $H_2SO_4+H_2O_2$(4:1) | 120℃ | 有机污染物 |
| 2 | $D.I.H_2O$ | 室温 | |
| 3 | $NH_4OH+H_2O_2+H_2O$(1:1:5)<br>(SC-1) | 80℃ | 微尘 |
| 4 | $D.I.H_2O$ | 室温 | |
| 5 | $HCl+H_2O_2+H_2O$(1:1:6)<br>(SC-2) | 80℃ | 金属离子 |

（续表）

| 清洗步骤 | 化学溶剂 | 清洗温度 | 清除的污染物 |
|---|---|---|---|
| 6 | D.I.H$_2$O | 室温 | |
| 7 | HF+H$_2$O | 室温 | 氧化层 |
| 8 | D.I.H$_2$O | 室温 | |
| 9 | | 干燥 | |

## 四、实验内容

采用湿法清洗工艺清洗硅片。

## 五、实验步骤

1．打开去离子水设备，制备去离子水。

2．按 NH$_4$OH：H$_2$O$_2$：H$_2$O=1：2：5 体积比配制 SC-1 溶液。

3．把 SC-1 溶液倒入盛有硅片的石英烧杯内，只要使硅片浸没在液面下即可。然后放到电炉上煮沸几分钟，倒掉残液，用去离子水冲洗 1 分钟。

4．按 HCl：H$_2$O$_2$：H$_2$O=1：2：8 体积比配置 SC-2 溶液。

5．把 SC-1 溶液倒入烧杯内，再放到电炉上煮沸几分钟，倒掉残液，用去离子水冲洗 10 分钟以上。

6．如果硅片表面有油脂、石蜡等残渣，必须先用浓硫酸和双氧水（1：1 配比）烧煮硅片，使表面的油脂脱附，然后按 1~4 的步骤处理。

## 六、思考题

1．什么是去离子水？说明制备去离子水的三个步骤。

2．硅片清洗的任务有哪些？每一种污染物如何处理？

3．硅片清洗时 SC-1 溶液和 SC-2 溶液的使用次序是否可以倒过来？

4．清洗硅片时烧煮时间是否越长越好？

# 实验二 硅的热氧化工艺

## 一、引言

硅片表面优质氧化层的生长对整个硅集成电路制造工艺具有极其重要的意义。二氧化硅介质可以作为离子注入或热扩散掺杂时的掩蔽层，也可以作为保证器件表面不受外部环境影响的钝化层。它不仅是介质隔离中器件与器件之间电学隔离的绝缘层，同时也是多层金属化互联系统中金属层之间的隔离介质。因此，了解二氧化硅的生长机理、精确控制生长出优质的二氧化硅对获得高质量的集成电路芯片、保证产品良率至关重要。

在硅表面制备二氧化硅膜层的技术有很多种：硅的热氧化、化学气相沉积、阳极氧化法、反应蒸发及反应溅射等。其中硅的热氧化生长在集成电路工艺中用得最为普遍。这种方法操作简便，重复性和化学稳定性高，获得的氧化层致密，具有很好的掩蔽和隔离作用，且通过光刻容易形成选择扩散图形。

## 二、实验目的

1. 熟悉热生长制备二氧化硅薄膜的工艺原理；
2. 学会用高温氧化炉热氧化生长二氧化硅的操作方法；
3. 测量一定温度下二氧化硅干氧和湿氧的氧化速率，建立厚度 d 和时间 t 之间的函数关系。

## 三、实验原理

### （一）硅的热氧化机理

硅的热氧化法是指硅与氧或水汽等氧化剂，在高温下经过化学反应生成 $SiO_2$ 的过程，其化学反应方程式如下

$$Si+O_2 \xrightarrow{\Delta} SiO_2 \qquad (2.1)$$

$$Si+2H_2O \xrightarrow{\Delta} SiO_2+2H_2\uparrow \qquad (2.2)$$

硅表面如果没有 $SiO_2$ 层，则氧或水汽等氧化剂直接与硅反应，在反应过程中，硅和氧的价电子重新分配，形成 Si—O 共价键结构。氧化过程使得 Si—$SiO_2$

间的界面朝着硅方向延伸，使 SiO₂ 厚度逐渐增大。由于硅晶体的原子密度为 $5\times10^{22}/cm^3$，而生成的无定形 SiO₂ 的分子密度为 $2.2\times10^{22}/cm^3$，因此，生长后 SiO₂ 的外表与原始的硅表面不是同一平面。如果 SiO₂ 生长厚度为 d，则硅表面消耗的硅的厚度为 0.44d，如图 2.1 所示。当硅片表面生长了一层 SiO₂ 薄层后，它阻挡了氧气或水汽直接与硅表面接触，此时氧化剂必须穿过 SiO₂ 薄膜到达 Si－SiO₂ 界面才能继续与硅反应。因此，随着氧化时间的延长，氧化层厚度的增长，氧原子和水分子扩散穿过氧化膜就越困难，而硅的氧化速率将越来越小。

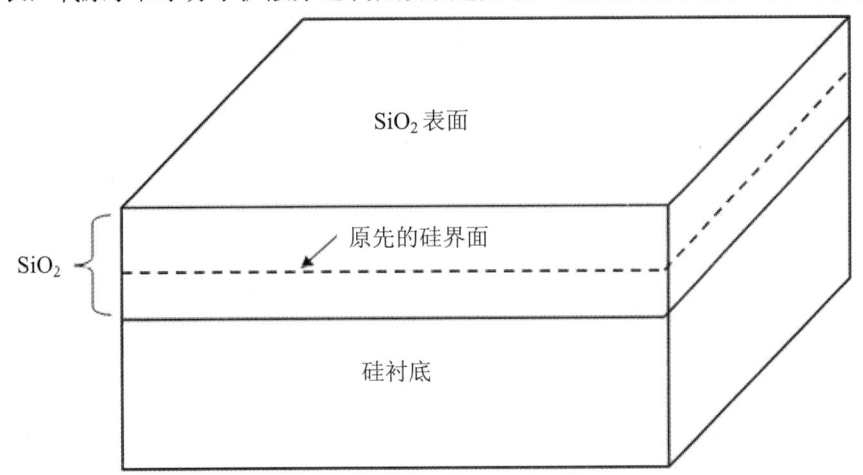

图 2.1 SiO₂ 生长过程中硅表面位置变化情况

下面根据迪尔-格罗夫（Deal-Grove）的氧化动力学模型讨论热氧化的具体过程。迪尔-格罗夫模型对温度在 700℃～1300℃ 范围内，压力从 $2\times10^4$Pa～$1.01\times10^5$Pa，氧化层厚度在 300Å～20000Å 之间的氧气氧化和水汽氧化都是适用的。

图 2.2 给出了热氧化时气体内部、SiO₂ 中以及 Si 表面处氧化剂的浓度分布情况以及相应的压力。在 SiO₂ 表面附近存在有一个气体附面层。图中 $F_1$ 是氧化剂从气体内部以扩散形式穿过附面层运动到气体—SiO₂ 界面的流密度（单位时间通过单位面积的粒子数），$F_2$ 是氧化剂扩散穿过 SiO₂ 层到达 SiO₂—Si 界面的流密度，而氧化剂在 Si 表面与 Si 反应生长 SiO₂ 的流密度以 $F_3$ 表示。在氧化过程中，由于氧化层不断生长变厚，导致 SiO₂—Si 界面也不断向 Si 内移动。在准静态近似下，上述三个流密度应该相等，则有

$$F_1=F_2=F_3 \tag{2.3}$$

附面层中的流密度取线性近似，即从气体内到气体—SiO₂ 界面处的氧化剂

流密度 $F_1$ 正比于气体内部氧化剂浓度 $C_g$ 与贴近 $SiO_2$ 表面上的氧化剂浓度 $C_s$ 的差

$$F_1 = h_g(C_g - C_s) \quad (2.4)$$

其中，$h_g$ 是气相质量输运系数。

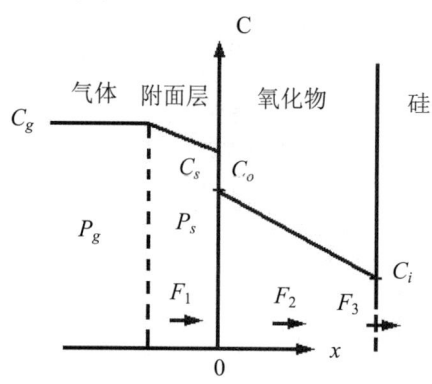

图 2.2 热氧化过程三个区域的氧化剂浓度分布情况

假定在我们所讨论的热氧化过程中满足亨利定律，即在平衡条件下固体中某种物质的浓度正比于该物质在固体周围的气体中的分压。于是 $SiO_2$ 表面的氧化剂浓度 $C_o$ 正比于贴近 $SiO_2$ 表面的氧化剂分压 $P_s$，则有

$$C_o = HP_s \quad (2.5)$$

$H$ 为亨利定律常数。在平衡状况下，$SiO_2$ 中氧化剂的浓度 $C^*$ 应与气体中的氧化剂分压 $P_g$ 成正比，即有

$$C^* = HP_g \quad (2.6)$$

由理想气体定律可得到

$$C_g = \frac{P_g}{KT} \quad (2.7)$$

$$C_s = \frac{P_s}{KT} \quad (2.8)$$

把式（2.5）～（2.8）代入式（2.4）中得

$$F_1 = h(C^* - C_o) \quad (2.9)$$

$$h = \frac{h_g}{HKT} \quad (2.10)$$

其中，$h$ 是用固体中的浓度表示的气相质量输运系数。

通过 $SiO_2$ 层的流密度 $F_2$ 就是扩散流密度，可表示为

$$F_2 = -D\frac{C_o - C_i}{X_o} \qquad (2.11)$$

其中，$D$ 为氧化剂在 $SiO_2$ 中的扩散系数，$C_o$ 和 $C_i$ 分别表示 $SiO_2$ 表面和 $SiO_2$—Si 界面处的氧化剂浓度，$X_o$ 为 $SiO_2$ 的厚度。

假定在 $SiO_2$—Si 界面处，氧化剂与 Si 反应的速率正比于界面处氧化剂的浓度 $C_i$，于是有

$$F_3 = K_s C_i \qquad (2.12)$$

$K_s$ 为氧化剂与反应的化学反应常数。

根据稳态条件 $F_1=F_2=F_3$，可得到 $C_i$ 和 $C_o$ 的表达式

$$C_i = \frac{C^*}{1 + K_s/h + K_s X_o/D} \qquad (2.13)$$

$$C_0 = \frac{(1 + R_s X_o/D)C^*}{1 + K_s/h + R_s X_o/D} \qquad (2.14)$$

上述两式表明，硅的热氧化过程中存在着两种极限情况。当 $D$ 很小时（$D \ll K_s X_o$），得 $C_i \to 0$，$C_o \to C^*$。这是因为氧化剂在氧化层中的扩散速度太慢，大量氧化剂堆积在 $SiO_2$ 的表面处，浓度趋向于同气相平衡时的浓度 $C^*$。这种情况下，$SiO_2$ 的生长速率主要由氧化剂在 $SiO_2$ 中的扩散速度所决定，称为扩散控制氧化。如果扩散系数 $D$ 很大，则 $C_i = C_o = C^*/(1+K_s/h)$。在这种情况下，进入 $SiO_2$ 中的氧化剂迅速扩散到 $SiO_2$－Si 界面处。而在界面处氧化剂与 Si 反应生成 $SiO_2$ 的速率相对很慢，导致氧化剂在界面处堆积，趋向于 $SiO_2$ 表面处的浓度。因此 $SiO_2$ 的生长速率由 Si 表面的化学反应速度控制，称为反应控制氧化。

为了计算氧化层生长的速率，我们定义 $N_1$ 为每生长一个单位体积 $SiO_2$ 所需要氧化剂的分子个数。由于每立方厘米 $SiO_2$ 的分子数为 $2.2\times10^{22}$ 个，而每生成一个 $SiO_2$ 分子需要一个氧分子，或者两个水分子。因此，对于氧气氧化，$N_1$ 为 $2.2\times10^{22}/cm^3$，对水汽氧化，$N_1$ 为 $4.4\times10^{22}/cm^3$。

随着热氧化过程不断进行，界面处的 Si 也就不断地转化为 $SiO_2$ 中的成份。因此，Si 表面处的流密度也可表示为

$$F_3 = N_1 \frac{dX_o}{dt} \qquad (2.15)$$

把式（2.13）代入到式（2.12）式中并与上式联立可得到

$$N_1 \frac{dX_o}{dt} = F_3 = \frac{K_s C^*}{1 + K_s/h + K_s X_o/D} \qquad (2.16)$$

给定初始条件 $X_0(0) = X_i$，即氧化前硅片上的自然氧化层厚度为 $X_i$，则求解微分方程（2.16）可得 SiO$_2$ 的生长厚度与时间关系式

$$X_0^2 + AX_0 = B(t + \tau) \qquad (2.17)$$

其中

$$A = 2D(1/R_s + 1/h) \qquad (2.18)$$
$$B = 2D C^*/N_1 \qquad (2.19)$$
$$\tau = (X_i^2 + AX_i)/B \qquad (2.20)$$

$A$ 和 $B$ 都是速率常数，方程（2.17）的解为

$$X_o = \frac{A}{2}\left(\sqrt{1 + \frac{t+\tau}{A^2/4B}} - 1\right) \qquad (2.21)$$

SiO$_2$ 生长的快慢将由氧化剂在 SiO$_2$ 中的扩散速度以及与 Si 反应速度中较慢的一个因素决定，即存在上面描述的扩散控制和表面反应控制两种极限情况。

当氧化时间很长，氧化层厚度很厚，即 t>>τ 和 t>>A$^2$/4B 时，SiO$_2$ 生长厚度与时间的关系可简化为

$$X_0^2 = B(t + \tau) \qquad (2.22)$$

这种情况下的氧化规律称抛物型规律，$B$ 为抛物型速率常数。由（2.19）式可知，$B$ 与 $D$ 成正比，所以 SiO$_2$ 的生长速率主要由氧化剂在 SiO$_2$ 中的扩散快慢所决定，即为扩散控制。

当氧化时间很短，氧化层很薄，即 (t+τ)<<A$^2$/4B 时，则 SiO$_2$ 的厚度与时间的关系可简化为

$$X_o = \frac{B}{A}(t + \tau) \qquad (2.23)$$

在这种极限情况下的氧化规律称线性规律，B/A 为线性速率常数，具体表达式为

$$\frac{B}{A} = \frac{K_s h}{K_s + h} \frac{C^*}{N_1} \qquad (2.24)$$

从大多数的氧化情况来看，气相质量输运系数 $h$ 是化学反应常数 $k_s$ 的 $10^3$ 倍。因此，在线性氧化规律时，SiO$_2$ 的生长速率主要由表面化学反应速率常数 $k_s$ 决定，即表面化学反应控制。式（2.22）和式（2.23）分别表示扩散控制氧化和反应控制氧化两种情况。

迪尔和格罗夫用（111）晶向的 P 型硅做实验，在干氧和湿氧两种情况下对硅单晶衬底片进行热生长氧化。在 700℃至 1200℃的温度范围内所测到的实验数据和他们的理论模型（即方程式（2.17）和式（2.21））符合得很好。图 2.3 给出的是抛物型速率常数 B 与温度之间函数关系的实验结果。温度对抛物型速率常数 B 的影响是通过氧化剂在 $SiO_2$ 中扩散系数 D 产生的。从图 2.3 可以看出，干氧氧化和湿氧氧化时抛物线氧化常数 B 的激活能分别为 1.24eV 和 0.71eV，它们与氧和水汽在熔融硅石中的扩散激活能 1.17eV 和 0.80eV 非常接近。

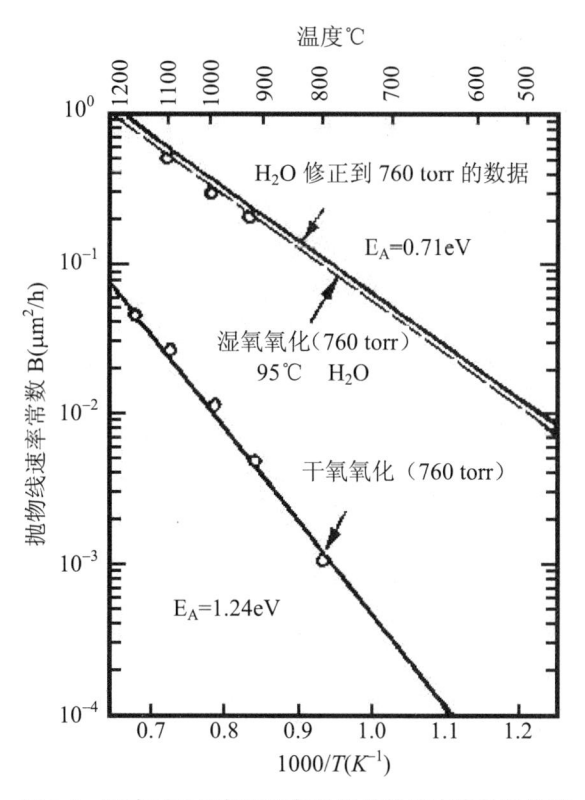

图 2.3 温度对于干氧和湿氧的抛物线速率常数的影响

线性速率常数 $B/A$ 与温度的关系如图 2.4 所示。对于干氧氧化和湿氧氧化激活能分别为 2.00eV 和 1.96eV，其值与 Si－Si 键断裂所需要的 1.83eV 的能量值接近，表明支配线性速率常数 $B/A$ 的主要因素是化学反应常数 $K_s$。

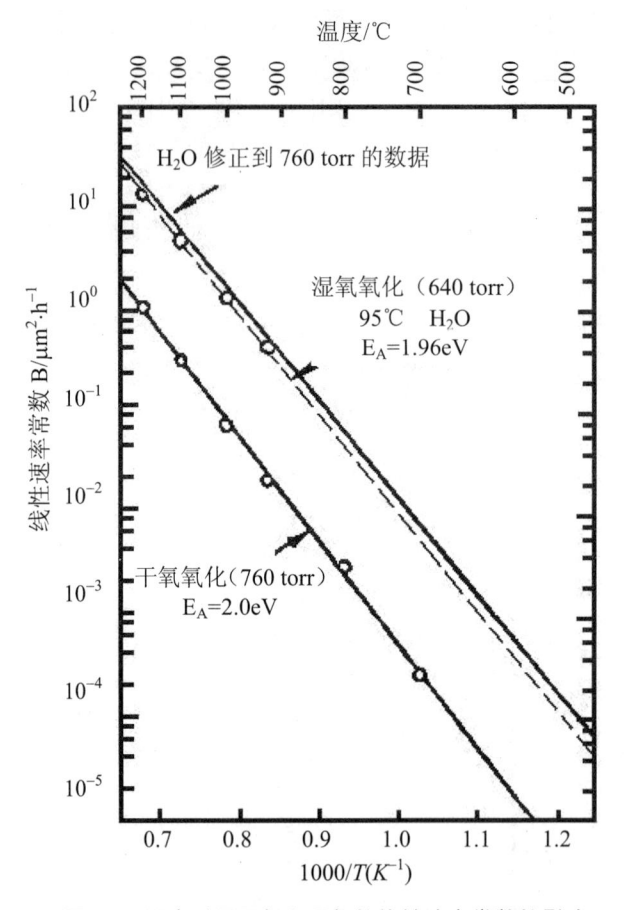

图 2.4 温度对于干氧和湿氧的线性速率常数的影响

表2.1和表2.2分别为硅湿氧氧化和干氧氧化的速率常数。大量的实验表明，当氧化温度高于1000 ℃时，氧化过程基本上符合式（2.22）抛物线规律，氧化速率常数 $B$ 主要受氧分子在氧化层中的扩散速率 $D(B=2DC^*/N_1)$ 所控制。温度越高，氧分子在氧化层中的扩散越快，因此氧化速率 $B$ 越大，当温度低于1000 ℃时，氧化层的生长规律与式（2.22）偏离。当温度低于700 ℃时，氧分子与硅原子的化学反应速度很低，因此氧化层的生长速率主要受Si—SiO$_2$界面处的化学反应速率所控制，即为式（2.23）的反应控制氧化，符合线性的生长规律，此时氧化生长速度很慢。由图2.3、图2.4和表2.1、表2.2可知，湿氧氧化速率比干氧氧化速率快得多。虽然干氧氧化的速率很慢，但由此生长的 SiO$_2$ 薄膜结构致密且均匀性和重复性好，掩蔽能力强，钝化效果好，同时干氧生长的 SiO$_2$

表面与光刻胶接触良好，光刻时不易浮胶。湿氧氧化的生长速率虽然很快，但在氧化后的硅片表面存在较多的位错和腐蚀坑，而且还存在使 $SiO_2$ 表面与光刻胶黏附不良的硅烷醇（Si—OH）。因此在实际生产中，普遍采用干氧→湿氧→干氧交替的氧化方式。在湿氧氧化后，再通一段时间的干氧，既有利于保持硅片表面的完整性，又使 $SiO_2$ 表面的硅烷醇（Si—OH）转变成硅氧烷（Si—O—Si），从而改善了 $SiO_2$ 表面与光刻胶的接触，在光刻时不会产生浮胶现象。这种干、湿氧交替的氧化方式解决了生长速率和质量之间的矛盾，使生长的 $SiO_2$ 薄膜更好地满足实际生产的要求。图 2.5 和图 2.6 分别为干氧和湿氧氧化层厚度与氧化时间的实验关系曲线。

表 2.1　硅的湿氧氧化速率

| 氧化温度/℃ | $A$/μm | 抛物线速率常数 $B$/μm²·h⁻¹ | 线性速率常数 $(B/A)$μm·h⁻¹ | $\tau$/h |
| --- | --- | --- | --- | --- |
| 1200 | 0.05 | 0.720 | 14.40 | 0 |
| 1100 | 0.11 | 0.510 | 4.64 | 0 |
| 1000 | 0.226 | 0.287 | 1.27 | 0 |
| 920 | 0.50 | 0.203 | 0.406 | 0 |

表 2.2　硅的干氧氧化速率

| 氧化温度/℃ | $A$/μm | 抛物线速率常数 $B$/μm²·h⁻¹ | 线性速率常数 $(B/A)$μm·h⁻¹ | $\tau$/h |
| --- | --- | --- | --- | --- |
| 1200 | 0.040 | 0.045 | 1.12 | 0.027 |
| 1100 | 0.095 | 0.027 | 0.30 | 0.076 |
| 1000 | 0.165 | 0.0117 | 0.071 | 0.37 |
| 920 | 0.235 | 0.0049 | 0.0208 | 1.40 |
| 800 | 0.340 | 0.0011 | 0.0030 | 9.0 |

由图 2.5 和图 2.6 可知，当氧化温度为 1200 ℃、氧化时间为 60 min 时，干氧的氧化层厚度约为 1930 Å，氧化速率常数约 $6.2\times10^{-4}$ μm²/min。而在同样温度下，当氧气通过水温为 95 ℃ 的湿氧瓶时，其氧化速率常数约为 $117.5\times10^{-4}$ μm²/min，它的氧化速率常数增加将近 20 倍。

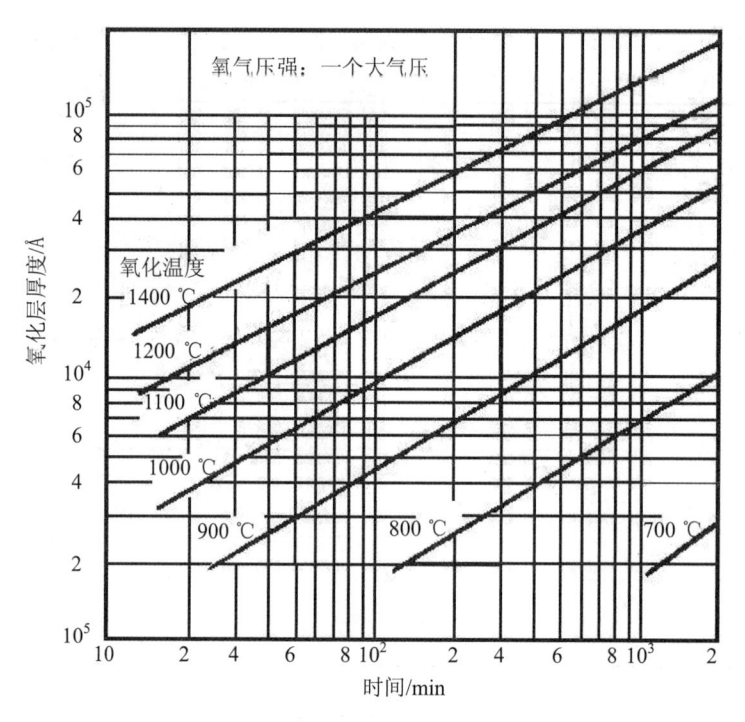

图 2.5 硅干氧氧化层厚度与时间的关系

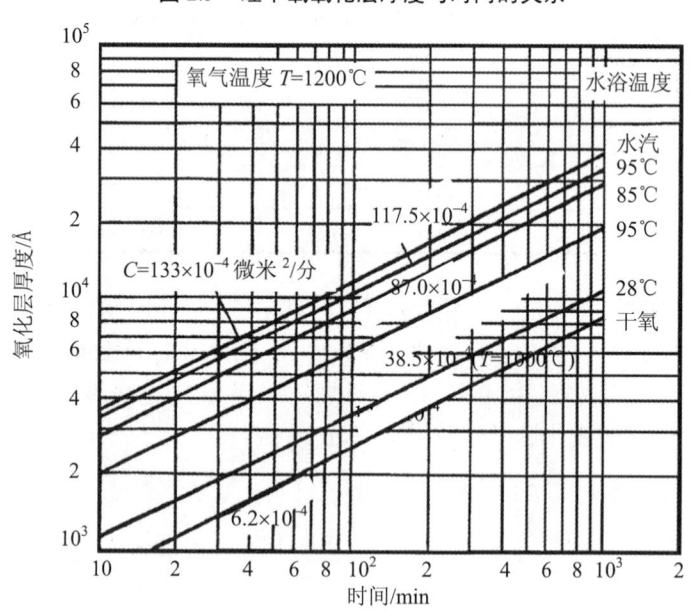

图 2.6 硅湿氧氧化层厚度与时间的关系

## （二）氧化层质量检测方法

氧化层质量的检测包括：测量膜厚、折射率、氧化层中可动正电荷密度、Si—$SiO_2$ 界面态密度、氧化层的漏电以及介质击穿等。本实验可以采用椭圆偏振仪测量 $SiO_2$ 厚度及折射率。椭圆偏振仪测量系统如图 2.7 所示。

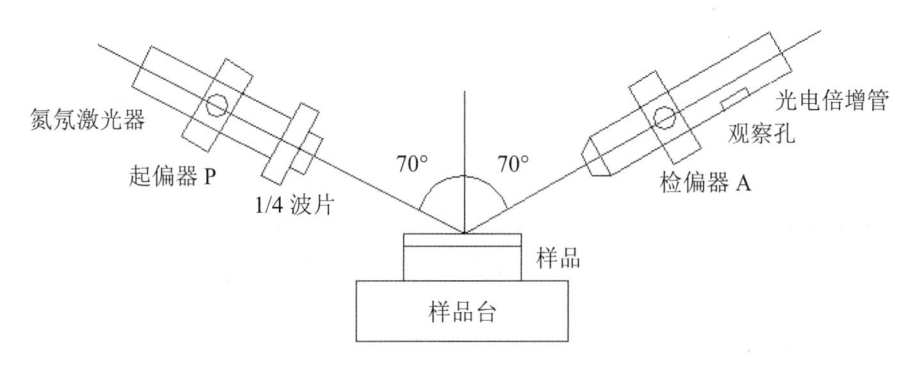

图 2.7　椭圆偏振仪结构示意图

光源（一般为激光光源，例如氦-氖激光器）发出单色激光，经起偏器（偏振片）后变成线偏振光，其偏振方向由起偏器的方位角 P 决定。转动起偏器可以改变光束的偏振方向。此线偏振光再经四分之一波片后变为椭圆偏振光，椭圆的长短轴沿四分之一波长片的快慢轴，但椭圆的形状（椭圆率）由射入四分之一波片的线偏振光的偏振方向决定。这束椭圆偏振光在样品表面反射后，光的偏振状态（振幅和位相）发生变化。对于确定厚度和折射率的介质膜来说，转动起偏器改变线偏振方向，当起偏器处于某个方位角 P 时，经过样品表面反射后的光的偏振状态发生变化。这时再转动检偏器（也是偏振片），即改变检偏器的方位角 A，可得到消光状态。由消光状态可推算出介质膜的膜厚和折射率。

当一束偏振光以一定的入射角照射到一个由透明介质膜和硅片组成的单层薄膜系统表面时，光要在空气与介质膜及介质膜与硅片组成的两个交界面发生反射和折射，总的反射光由许多光束合成，如图 2.8 所示。它的振幅和位相将发生变化，变化的情况与薄膜的厚度及单层薄膜系统的折射率有关。如果入射光为椭圆偏振光，则由测量反射光偏振状态的变化（即偏振光的振幅和位相的变化）可以定出薄膜的厚度和折射率。有关采用椭圆偏振仪测量薄膜的厚度和折射率的详细原理和具体操作方法请参阅《半导体物理实验》教材。

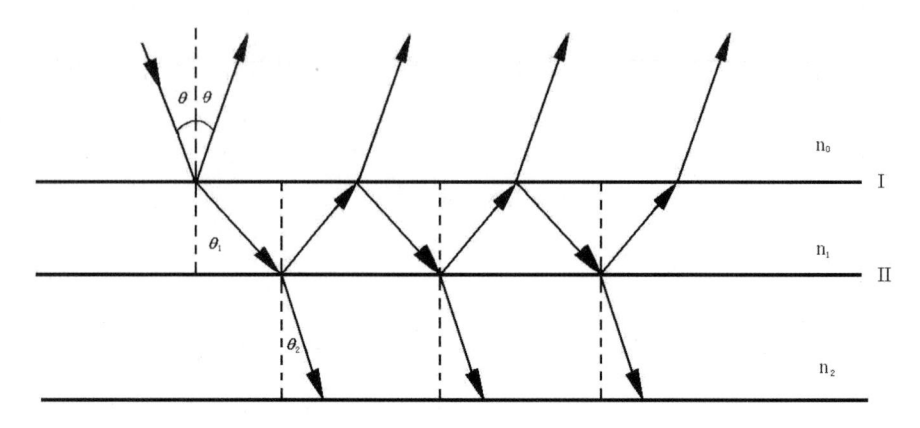

图 2.8 硅衬底上覆盖透明薄膜的系统中光的反射与折射示意图

### 四、实验内容

1. 采用干氧氧化在 N 型（100）硅片上生长一定厚度的二氧化硅薄膜。
2. 测量不同氧化条件下获得的二氧化硅薄膜的厚度和折射率。

### 五、实验步骤

1. 开启氧化炉，将炉温设定为 1150℃，缓慢升温。
2. 取 5 片 N 型（100）硅片，分别用无水乙醇和去离子水超声清洗 10 min。
3. 氧化炉升温完成后，通入干 $O_2$，流量为 500 ml/min。将清洗好的硅片夹到石英舟上，将石英舟缓慢推入炉中恒温区，分别以 5 min、10 min、20 min、40 min、60 min 五种不同时间，生长厚度不同的 $SiO_2$ 层。
4. 氧化完成后，停止通气，关闭氧化炉。
5. 采用椭偏仪分别测量上述各次氧化层的厚度和折射率。

### 六、思考题

1. 简述氧化操作步骤并画出干氧、湿氧氧化装置图。
2. 实验数据列表，作 $d^2$-t 图，从图中求出干氧氧化速率常数 $C$。
3. 为什么相同温度、相同时间下生长的干氧氧化层厚度小于湿氧氧化层的厚度？

# 实验三　硼扩散工艺

## 一、引言

扩散是微观粒子的一种热运动形式，当粒子在空间中存在浓度梯度时，将导致粒子的净扩散流，扩散运动的结果使得粒子在空间的浓度分布趋于一致。集成电路中的扩散即利用固体中的扩散现象，将一定数量的硼或磷等杂质掺入半导体中去，以改变该半导体的电学性质，并使得掺入的杂质数量、浓度分布形式和深度等都满足要求。扩散是半导体中掺杂的重要方法之一，也是集成电路制造中的重要工艺。目前扩散方法已广泛用来形成双极型晶体管的发射极、基极、收集极，MOS 晶体管的源、漏等，并可用来对多晶硅进行掺杂。

## 二、实验目的

1. 熟悉固相扩散工艺中的扩散机制。
2. 学会使用退火炉实现扩散实验，探针台测量扩散层的电阻，并计算出扩散层的表面杂质浓度。

## 三、实验原理

硼扩散是半导体集成电路工艺中一项基础工艺，它包括基区硼扩散和隔离硼扩散。基区硼扩散是为了形成 P 型基区，为构成 N-P-N 三极管和硼扩散电阻打下基础。而隔离硼扩散是为了把 N 型外延层分隔成若干个隔离岛，和局域氧化层一起实现相邻器件间的隔离作用。

（一）硼的扩散机制

与其他扩散一样，杂质在半导体中的扩散必须具备两个基本条件：一定的温度和浓度梯度。杂质在硅中的扩散机制主要有两种：替位式扩散和间隙式扩散。硼和磷等Ⅲ、Ⅴ族元素在硅中主要占据晶格位置，这些杂质从一个晶格位置运动到另一晶格位置即为替位式扩散，如图 3.1 所示；而金、铁、铜、等重金属元素在硅中多存在于晶格间隙，这种间隙式杂质从一个间隙位置运动到另一个间隙位置的运动称为间隙式扩散，如图 3.2 所示。与间隙扩散杂质相比，替位杂质的扩散要困难得多。因为替位式扩散必须依靠剧烈的热运动，使硅原子克服晶格原子之间的结合能，脱离原来的平衡位置，形成一定数量的空位，同时依靠热涨落获得大于势垒高度的能量才能实现替位运动。

图 3.1 替位式扩散示意图

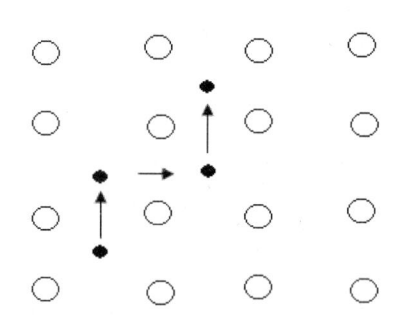

图 3.2 间隙式扩散示意图

描述Ⅲ、Ⅴ族杂质原子在硅中的扩散规律可遵循扩散方程，考虑如图 3.3 所示的一维扩散过程，相距 $dx$ 的两个平面内，杂质原子数的变化量等于这两个平面的流量差。设 $t$ 时刻体积内的杂质浓度为 $C(x, t)$，则 $dt$ 时间内该小体积内的杂质数目减少量为

$$[C(x,t) - C(x,t+dt)]A dx \tag{3.1}$$

若经过 $x$ 处的扩散流密度为 $J(x, t)$，则这个过程中由于扩散进出该小体积的杂质原子数为

$$[J(x+dx,t) - J(x,t)]A dt \tag{3.2}$$

故有

$$[C(x,t) - C(x,t+dt)]A dx = [J(x+dx,t) - J(x,t)]A dt \tag{3.3}$$

又由菲克第一定律，杂质的扩散流密度 $J$ 正比于杂质浓度梯度，即

$$J = -D\frac{\partial C(x,t)}{\partial x} \tag{3.4}$$

$D$ 表示杂质在硅中的扩散系数，单位是 $cm^2/s$。

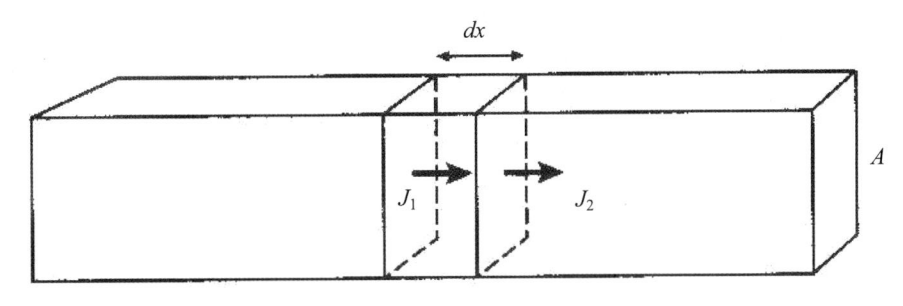

**图 3.3　一维扩散过程示意图**

由式（3.3）和式（3.4）可得一维扩散下的扩散方程

$$\frac{\partial C(x,t)}{\partial t} = D\frac{\partial^2 C(x,t)}{\partial x^2} \tag{3.5}$$

扩散系数 $D$ 的大小与杂质种类（原子半径大小）、扩散温度以及杂质浓度有关。D 的表达式为

$$D = D_0 e^{-\frac{\Delta E}{KT}} \tag{3.6}$$

式中，$K$ 是波尔兹曼常数，$T$ 是绝对温度，$D_0$ 是常数，$\Delta E$ 是与扩散过程有关的激活能。不同杂质在不同的材料中扩散，$D_0$ 和 $\Delta E$ 均不相同。随着扩散杂质浓度逐渐增加，当大于扩散温度下硅中本征载流子浓度时，$D$ 将有显著增加。

根据不同的边界条件，解式（3.5）扩散方程，可得到不同的扩散规律。在本实验中，硼预沉积是把硅片放在周围具有一定杂质蒸气压的环境中进行高温扩散，通常称为恒定表面源扩散。硅片的表面杂质浓度 $C_s$ 取决于扩散温度下杂质在硅中的溶解度。由于硅片周围杂质气压不变，所以在整个扩散过程中，只要炉温恒定不变，硅片表面的杂质浓度始终维持不变。而硼再分布则是把已扩散一薄层高浓度杂质的硅片放在氧化炉中进行再扩散，此时，硅片周围气氛是干燥的氧气或者是经过 95℃去离子水翻泡瓶后潮湿的氧气，随着杂质不断向硅片内部扩散，硅片表面的杂质浓度将逐渐下降，通常称这种扩散为有限表面源扩散。显然这两种扩散过程的边界条件不一样，因此扩散方程的解也不一样。

在恒定表面源扩散条件下，边界条件为

$$C(0,t) = C_s \quad C(\infty,t) = 0$$

初始条件为：$x>0$ 时，$C(x,0)=0$，由此可得扩散方程的解为

$$C(x,t) = C_s \frac{2}{\sqrt{\pi}} \int_{x/2\sqrt{Dt}}^{\infty} e^{-\lambda^2} d\lambda = C_s erfc \frac{x}{2\sqrt{Dt}} \tag{3.7}$$

其中 $C_s$ 为表面杂质恒定浓度。恒定表面浓度的扩散分布是一种余误差函数分布，如图 3.4 所示。在平面晶体管和集成电路工艺中，基区扩散中的硼预淀积、发射区扩散中的磷预淀积等都近似恒定表面浓度扩散，因此基本上都具有余误差函数的扩散分布。

在有限表面源扩散条件下，初始条件和边界条件为：

$$C(\infty,t) = 0, \int_0^\infty C(x,t)dx = Q$$

$x>0$ 时，$C(x,0)=0$ 其中，$Q$ 为扩散前存在于硅片表面无限薄层内单位表面积的杂质总量，在扩散过程中 $Q$ 为常量，由此可得扩散方程的解为

$$C(x,t) = \frac{Q}{\sqrt{\pi Dt}} e^{-x^2/4Dt} \tag{3.8}$$

有限表面源扩散的分布是一种高斯函数分布，如图 3.5 所示。在集成电路工艺中，基区扩散的再分布，发射区扩散的再分布等都近似于限定源扩散，因此基本上都具有高斯函数的扩散分布。

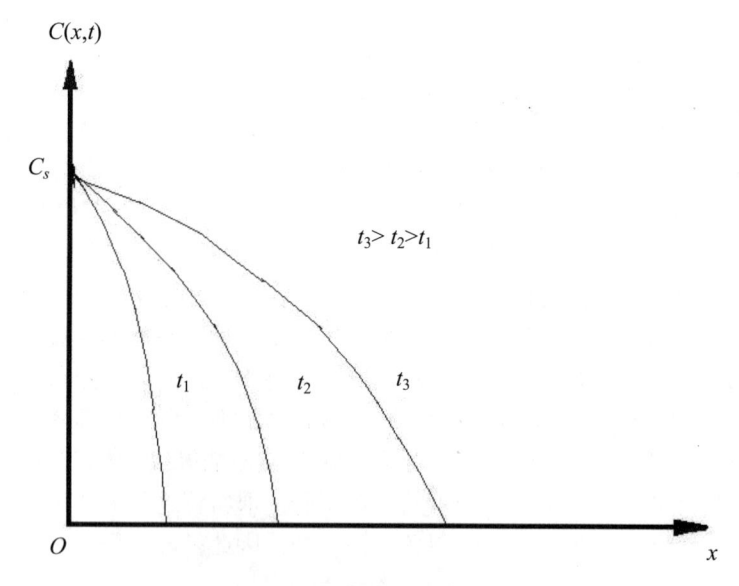

图 3.4 恒定表面源扩散的杂质分布

$C(x,t)$

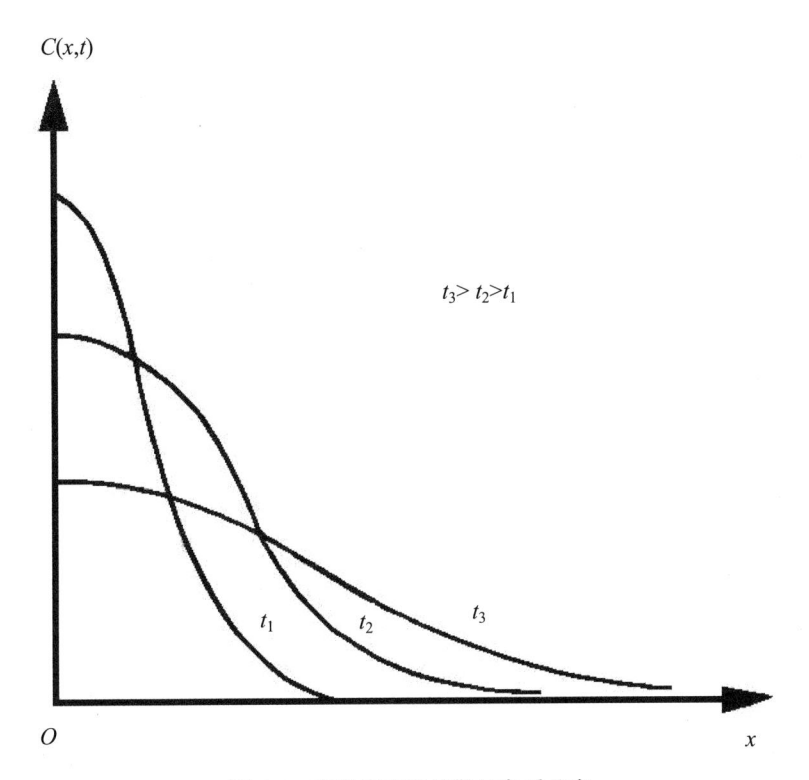

$t_3 > t_2 > t_1$

图 3.5　有限表面源扩散的杂质分布

由图 3.4 和图 3.5 可知，恒定表面源扩散中，杂质分布的特点是：随着时间的推移，杂质总量不断增加，但表面浓度不变。而有限表面源扩散的特点是：随着时间的推移，杂质总量不变，但表面浓度将不断下降。即前者可控制扩散进入硅片的杂质总量，而后者可控制并改变硅片表面的杂质浓度分布。在实际生产中，为了得到一定的表面浓度和一定的结深，单靠一种扩散方式是不行的。这是因为扩散时温度处于 900℃～1200℃ 范围内时，杂质在硅中的固溶度基本上维持不变。而当扩散温度低于 900℃ 时，虽然溶解度有明显的下降，但此时的扩散系数 $D$ 却变得非常小，以至于要达到一定结深 $x_j$ 和一定表面浓度 $N_s$ 的扩散时间相当长，这显然是不可取的。所以常常是两者结合，达到预期的结深和表面浓度。

硼的再分布一般是与氧化同时进行的，这样一方面实现了杂质的再分布，同时又在硅片上生长了一层 $SiO_2$，作为下一次扩散的掩蔽膜。硼隔离扩散不一定要通氧气，可通干氧或氮气作保护气体。但这种方法将使硼预沉积时扩散进硅片表面的杂质总量有一部分被 $SiO_2$ 层所吸收。所以再分布以后，硅片中的硼杂质总量比预沉积以后减少，这就是氧化过程当中的杂质分凝现象。硼的分凝系数 m 约为 0.3，即硼在硅中的溶解度仅是二氧化硅中溶解度的 30%。因此，经过硼再分布以后，在 $SiO_2$—Si 界面处硅一侧的硼原子显著减少。在实际工作中，人们巧妙地利用控制硼扩散的氧化再分布过程中的氧化速度来调节和控制硼扩散区的表面浓度。由于干氧氧化速率极慢，而湿氧氧化速率很快，因此采用调节干氧和湿氧的氧化时间就可以有效地调节硼扩散区的表面浓度。例如硼再分布的总扩散时间为 40min（决定结深），其中 20min 为湿氧氧化时间（决定氧化层厚度），余下 20min 为干氧时间。当硼预沉积后，通过四探针测量，发现薄层电阻 $R_s$ 偏小时（即杂质总量偏高），那么在硼再分布开始时可适当减少通干氧时间，让湿氧氧化较早开始，使杂质还没来得及大量向硅内再分布扩散时，就被快速生长 $SiO_2$ 的湿氧氧化留在 $SiO_2$ 层中。反之如果我们延长通干氧氧化时间，推迟湿氧氧化时间，则可以达到硅内杂质多留一些的目的，至于多余的干氧氧化时间则放在 20 分钟湿氧氧化结束以后进行。这一方面保证总的再分布扩散时间不变(结深重复性好)，另一方面又使二氧化硅的外层生长得干燥、致密一些，以利于光刻。

目前用来进行扩散的硼源种类有很多，每种杂质源材料的性质不同，在室温下的相状态也各不相同，因此采用的扩散方法和扩散系统有很大的差别。按杂质源在室温下的初始状态来分，可以将扩散方法分为固态源扩散，液态源扩散和气态源扩散三类。本实验中，采用片状氮化硼固体作为杂质源，通过固态源扩散进行硼掺杂，其装置如图 3.6 所示。扩散时，将氮化硼源材料和硅片分别放入石英舟中，通入一定流量的干燥氮气作为载气，其中含有一定含量的氧气作为反应气体。高温下，氮化硼经过反应活化，转换为 $B_2O_3$，反应方程式如下：

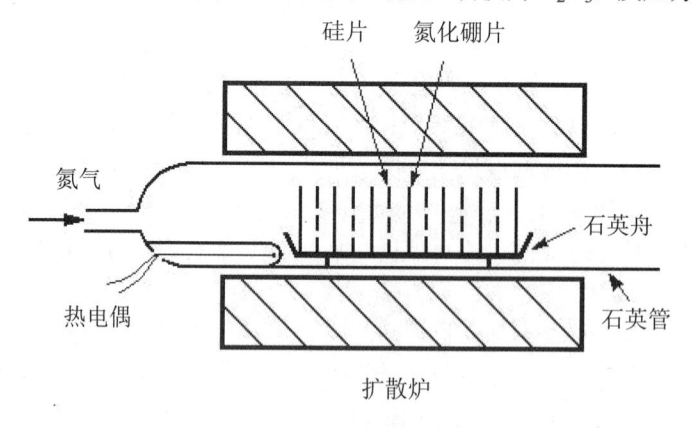

图 3.6 扩散炉装置示意图

$$4BN + 3O_2 = 2B_2O_3 + 2N_2 \tag{3.9}$$

$B_2O_3$ 作为杂质源在载气的帮助下输运到硅片表面，与硅反应，其方程如下：

$$2B_2O_3 + 3Si = 3SiO_2 + 4B \tag{3.10}$$

生成的 $SiO_2$ 中含有大量被还原出的硼原子，在高温下向硅中扩散。

（二）扩散结果检测

杂质扩散结束后，需要测试并扩散结果是否满足要求，主要是测量扩散层的薄层电阻（表面方块电阻）$R_s$ 和结深 $X_j$，并进而推导出扩散层的表面杂质浓度。对于有限大但是扩散层结深仍然很薄的单面扩散，其表面方块电阻可由四探针测试仪进行测量，并对结果进行适当修正。四探针法测薄层方块电阻的详细方法参见《半导体物理实验》讲义。

扩散层结深的测量可以采用滚槽法，其原理是基于在导电型号不同（或相同杂质不同浓度的部分）的硅片上，由于电化学势不同而使化学反应进行的速度不同，结果使 N，P 区上显示不同的颜色，交界处就是 P-N 结的位置，如图 3.7 所示。测量时，利用钢柱（一般的直径 D 约为 2～5cm），在硅片表面滚磨出一个圆柱形的凹槽，然后显结并测量出 $x$，$y$ 的值，当 $x$，$y$ 远小于 $D$ 时，可推导出结深的近似表达式

$$X_j = \frac{xy}{D} \tag{3.11}$$

由于 $D$ 的值已知，而 $x$，$y$ 可由显微镜测量出来，因此由上式计算出结深，实际测量时可在不同部位多次测量后取平均值。

测出了扩散层的表面方块电阻 $R_s$ 和结深 $X_j$，就可以推导出扩散层的表面掺杂浓度 $C_s$。由于扩散层不是均匀掺杂，没有总体的单一的体电阻率，因此引入平均电导率于来描述表面扩散层的导电性质，定义平均电导率为

$$\bar{\sigma} = \frac{1}{R_s X_j} = \frac{1}{x_j - x} \int_0^{x_j} q\mu N(x) dx \tag{3.12}$$

其中，$N(x)$ 为扩散杂质浓度 $C(x)$ 与硅片本底杂质浓度 $N_B$ 的差值。

## 四、实验内容

1. 利用高温扩散炉进行硼的固相扩散。
2. 测量扩散层的薄层电阻。
3. 测量扩散层的结深，计算表面掺杂浓度。

## 五、实验步骤

1. 开启高温扩散炉，设定扩散温度。
2. 硅片清洗。
3. 通入氮气，将放置好硅片和氮化硼片的石英花篮送入扩散炉，开始扩散。
4. 扩散完毕，取出硅片，关闭扩散炉。
5. 分别测量扩散层的薄层电阻和结深，计算表面掺杂浓度。

# 实验四  离子注入工艺

## 一、引言

离子注入工艺是将某种元素的原子进行电离,并使离子在电场中加速获得较高的动能后,射入固体材料表层,以改变这种材料表层的物理或化学性能的一种工艺。在集成电路制造中应用离子注入工艺,主要是为了对硅和砷化镓等材料进行掺杂,达到改变材料电学性质的目的。经过 20 世纪 60 年代大量的离子注入样机的研究之后,第一台商用注入机在 1973 年面世,很快就被普遍采用,目前离子注入工艺已经成为 USIC 制造中最主要的掺杂工艺。

离子注入技术是一种在很多方面都优于扩散的掺杂技术,与扩散掺杂相比,离子注入技术的主要特点如下:

1. 注入离子是通过质量分析器选取出来的,被选取的离子纯度高,能量单一,从而保证了掺杂纯度不受杂质源纯度的影响。注入过程是在清洁、干燥的真空条件下进行,大大降低了各种污染。

2. 注入剂量在 $10^{11} \sim 10^{17}$ 离子/cm$^2$ 的较宽范围内,同一平面内的杂质均匀度可保证±1%的精度。相比之下,高浓度扩散时杂质均匀度只能控制在 5%~10%水平,至于低浓度扩散时,均匀性更差。

3. 离子注入时,衬底温度一般保持在室温或低于 400℃,因此可选用多种材料,例如铝、光刻胶作为选择掺杂的掩蔽膜。同时也可避免高温扩散引起的热缺陷和横向扩散效应。

4. 离子注入深度是随着离子能量的增加而增加,因此可以通过控制注入离子的能量和剂量,以及采用多次注入相同或不同杂质,得到各种形式的杂质分布。对于突变的杂质分布,采用离子注入技术很容易实现。

5. 离子注入是一个非平衡过程,不受杂质在衬底材料中溶解度的限制,原则上对各种元素均可掺杂,这样使掺杂工艺灵活多样,适应性强。

6. 化合物半导体是两种或多种元素按一定组分构成的,这种材料经高温处理时,组分可能发生变化。采用离子注入技术基本不存在上述问题,容易实现化合物半导体的掺杂。

7. 横向分布大大小于扩散方法。

## 二、实验目的

1. 熟悉离子注入工艺原理，了解离子注入设备和工艺过程。
2. 学会采用 mcai 进行离子注入工艺模拟。

## 三、实验原理

离子注入技术通过将加速后的高能离子射入到衬底中来实现半导体的掺杂。被掺杂的衬底材料一般称为靶，用来进行掺杂的高能离子称为入射离子。当离子轰击靶时，一部分离子将被靶表面反射，不能进入靶内部，成为散射离子，另一部分离子可以入射到靶材料内部，成为掺杂杂质，这部分离子称为注入离子。

在离子注入工艺中，注入离子的能量一般为几个 keV 到几百 keV，注入的过程是一个非平衡过程，高能离子进入靶后不断与原子核及其核外电子碰撞，逐步损失能量，最后停下来。停下来的位置是随机的，当注入的离子数很少时，注入离子在靶内的分布很分散，但是当注入大量的离子后，这些注入靶内的离子将按一定的统计规律分布。在一级近似下，注入到无定形靶内的离子的纵向浓度分布可由高斯函数表示：

$$N(x) = N_{\max} \exp\left[-\frac{1}{2}\left(\frac{x - R_p}{\Delta R_p}\right)^2\right] \quad (4.1)$$

上式中，$N(x)$ 表示距离靶表面为 x 处的离子浓度，$N_{\max}$ 为峰值浓度，$R_p$ 为平均投影射程（离子在靶内纵向深度的平均值），$\Delta R_p$ 为 $R_p$ 的标准偏差。其分布如图 4.1 所示，其中 $\Delta R_\perp$ 是横向标准偏差，代表了注入离子在垂直于入射方向的平面内的分布情况。

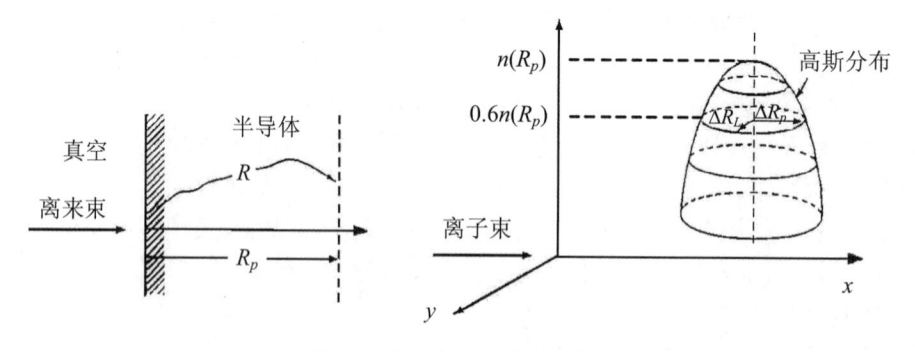

图 4.1 注入离子的浓度分布图

通过靶表面单位面积注入的离子总数 $N_s$ 可由下式求出

$$N_s = \int_0^\infty N(x)dx = \sqrt{2\pi}N_{max}\Delta R_p \tag{4.2}$$

由于 $N_s$ 可由注入的离子流电荷总量给出，进而由上式算出 $N_{max}$，则可将 $N(x)$ 表示为含 $N_s$ 的函数

$$N(x) = N_{max}\exp\left[-\frac{1}{2}\left(\frac{x-R_p}{\Delta R_p}\right)^2\right] = \frac{N_s}{\sqrt{2\pi}\Delta R_p}\exp\left[-\frac{1}{2}\left(\frac{x-R_p}{\Delta R_p}\right)^2\right] \tag{4.3}$$

离子注入时，注入的深度和离散分布与离子种类和注入能量有关，通过查表得到不同种类的掺杂离子在不同注入能量下的平均投影射程和其标准偏差，结合计算出来的注入剂量，即可得到纵向的掺杂浓度分布。

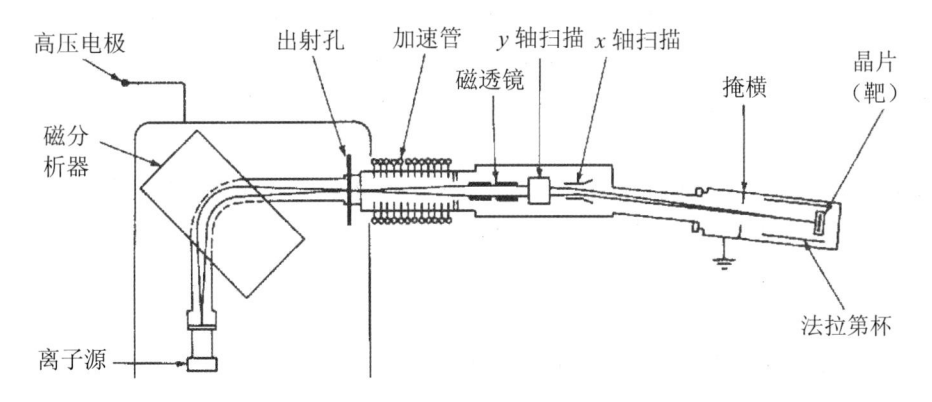

图 4.2 离子注入系统示意图

离子注入工艺中，典型的离子注入系统可分为离子源、磁分析器、加速管，聚焦和扫描系统，靶室和后台处理系统等几个部分，如图 4.2 所示。在离子注入工艺中，为了应用方便，常采用 $BF_3$，$BCl_3$，$PH_3$，$A_SH_3$ 等气态掺杂源，如果是固态或液态掺杂源，必须先加热，变为蒸汽后，再导入离子源。离子源是将掺杂源材料离化，形成带电离子的装置。离子源放电管内的少量自由电子在电磁场作用下，获得足够的能量后撞击分子或原子，使它们电离成离子，再经吸极吸出，由初聚焦系统聚成离子束，射向磁分析器。磁分析器是一种重要的组分分析设备，可以利用不同荷质比的离子在磁场下运动轨迹的不同将离子分离，选出所需的杂质离子，经磁分析器后可以得到极为纯净的单一组分离子。被选离子束通过可变狭缝，进入加速管，离子在静电场作用下加速到所需的能量。离开加速管后进入控制区，先由静电聚焦透镜使其聚焦。再进行 x-y 两个方向扫描，然后进入偏转系统，束流被偏转注到靶上，靶室配有全自动装片和

卸片机构，通过微机测量和控制粒子流形成的电流和总电量来控制掺杂的杂质浓度和总量。

　　随着超大规模集成电路的迅速发展，对半导体元器件的性能要求越来越高，也对集成电路制造工艺提出了更高的要求。这使得集成电路工业生产中的各工艺设备变得更加精密、昂贵。为了缩短集成电路的研发周期，降低研发费用，采用计算机来对集成电路工艺和半导体器件的生产过程进行模拟的方法被普遍采用。目前，集成电路工艺计算机模拟是实现集成电路计算机辅助设计研究工作中的重要组成部分。模拟程序以集成电路工艺条件作输入，输出硅中杂质的分布、结深、薄层电阻以及 MOS 管阈值电压等参数，也可以模拟单步工艺、多步工艺及制造一个完整电路的整套工序。计算杂质分布最流行的软件之一是斯坦福大学工艺模块（SUPREM），其中 SUPREM Ⅲ可对一维空间分布进行详细的计算。在离子注入工艺中，该程序可根据简单的高斯分布、双边高斯分布和 Pearson Ⅳ型分布或双 Pearson Ⅳ型分布函数来预测杂质分布。预测的结果通常可以连接到器件模拟程序，这样就可以直观地预测杂质分布变化对器件特性的影响。如果模拟的结果是准确的，那么器件设计人员就可以用少得多的制造批次来优化器件性能并检验工艺的敏感度，大大节约了成本和时间。

### 四、实验内容

1. 通过多媒体教学软件了解离子注入工艺。
2. 离子注入设备介绍和工艺模拟实验。

### 五、实验步骤

　　1. 进入 E 盘→打开离子注入文件 → Chinese → Axcelis Implater Overview → Personal ID: xx-xx-xx，Name＿＿＿ → Main Menu → Implater Overview

　　仔细阅读这部分的内容，基本了解离子注入工艺的过程和使离子注入机正常工作所需的资源系统。

　　2. 进入 E 盘→打开清华大学多媒体教学文件 → run → mcai → mainbry.exe → MCAI 系统的系统主界面 → 开始使用课件 → 第一篇 工艺原理 → 第四章 离子注入。

　　离子注入课件由"离子注入设备和工艺"、"离子注入原理"、"注入损伤与退火"及"离子注入在 IC 制造中的应用"等四部分组成。

　　第一步　观察离子注入设备结构

该部分介绍了离子注入设备五个主要的部分，单击白底红字可进入相应的设备说明。

画出离子注入机原理结构示意图。

第二步　学习离子注入工艺原理

在"核碰撞与电子碰撞"中，单击界面上的按钮可在核碰撞与电子碰撞间转换。在"入射离子的分布"中，有纵向分布和横向效应。在"沟道注入"中，鼠标置于红色文字上，有注入深度曲线显示。

记录离子注入工艺原理。

第三步　离子注入　损伤与退火

该部分包括了"损伤的形成""位移原子数目""损伤区的分布""非晶层的形成"与"退火"。在"损伤的形成"中，单击红色的原子模型，有损伤动画的演示。

总结离子注入损伤种类及退火原理。

第四步　离子注入在 IC 制造中的应用

在本部分的"离子注入的应用"中，提到了在 CMOS 工艺中的六种应用。单击红色文字，可显示该工艺的三维图。

记录离子注入在 CMOS 工艺中的应用。

3．离子注入设备结构

第一步　在 MCAI 系统的系统主界面下，选择第二篇"工艺设备模拟"再选择第三章"离子注入"，即可进入一个开始界面（图 4.3）。单击"开始"按钮，进入第二个界面（图 4.4），选择界面。

第二步　在图 4.4 中选择"设备介绍"模块。学习了解由 Varian 公司生产的离子注入机 Model 350D 结构，展示了该设备各个部分的结构和功能。

第三步　点击左下角的屏幕，观察离子注入工艺的操作步骤及离子注入机的主要结构，记录离子注入工艺操作步骤和离子注入机的主要结构。

第四步　记录离子注入工艺模拟条件及缺损值

决定离子注入曲线分布的因素主要包括：衬底材料、晶向；注入离子的种类；总的注入剂量；注入的初始能量。

本模拟时缺省的 P 型衬底杂质浓度是 $1\times10^{15}$ atom/cm$^3$，晶向为<100>的衬底材料上注入磷离子。只要输入注入剂量和初始能量就可以计算出一条分布曲线，并可以随时改变以上参数使分布曲线按要求变化。

可以根据自己的要求来进行模拟。图 4.4 "工艺模拟"可分为 3 步，分别对应着三个界面。

图 4.3　离子注入工艺模拟开始界面

图 4.4　选择界面

4．离子注入工艺模拟

第一步　在图 4.5 中选择"离子注入工艺模拟",即进入模拟模块。对模拟的操作方法和目的进行介绍。按"继续"按钮进入下一步（图 4.6）。

第二步　在图 4.6"输入初始条件"界面下,输入离子注入的初始条件（注入剂量和初始能量如图 4.6）,输入完毕按回车确认进入下一步。

实验四 离子注入工艺

## 离子注入模拟

**简介**：本模块可以帮助用户完成以下几项工作：
1. 根据注入模拟的曲线粗略的计算出注入的结深。
2. 比较改变不同参数后曲线的变化情况(如固定剂量,改变初始能量后曲线的变化)。
3. 用户还可以完成诸如为了得到一定的注入结深,而调节各项初始参数等工作。
   目的是让用户对离子注入的原理和分布曲线有一个更直观的了解。

**说明**：决定离子注入曲线分布的因素主要包括：
1. 衬底材料(杂质种类,浓度,晶向)。
2. 注入离子的种类。
3. 总的注入剂量。
4. 注入的初始能量。

本模拟缺省是在B(1e15 atom/cm3),晶向为<100>的衬底材料上注入P离子。用户只要输入注入剂量和初始能量就可以计算出一条分布曲线,并可以随时改变以上参数值使分布曲线按要求变化。

退出　　　　　　　　　　　　　　　　　　　　继续

图 4.5　离子注入模拟条件界面

## 输入初始条件

**说明**：
用户只要输入以下两个初始条件,按回车确认后可显示分布曲线.缺省是在B(1e15 atom/cm3),晶向为<100>的衬底材料上注入P离子。

请输入初始能量:[100-200Kev]　　　　Kev

请输入注入剂量:[1e11-1e15 atom/cm2]　　1E　atom/cm2

按回车确认

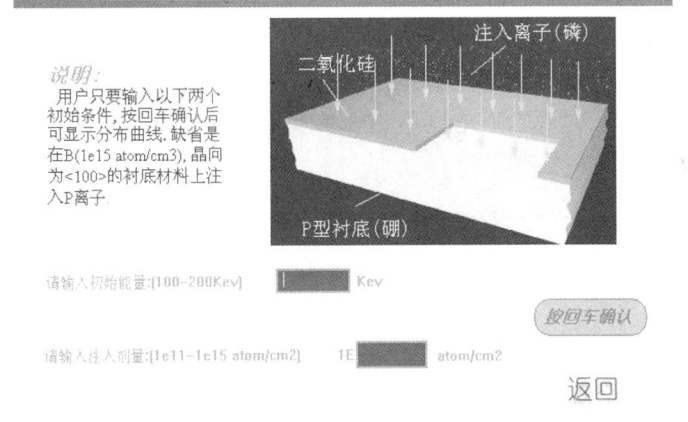

返回

图 4.6　输入初始条件界面

第三步　系统按照输入的初始条件,依照前面所描述的方法得到一条浓度分布曲线（图 4.7）。

第四步　图 4.7 中有三个选项可供选择

● "继续输入初始条件,比较分布曲线",并把曲线在原曲线的基础上绘出,便于在曲线之间进行比较。坐标上总共可以显示 3 条分布曲线,它们分别用不同的颜色表示出来,以便于分析比较。

## 离子注入分布曲线

**说明：**
图中一条绿线为衬底材料B的浓度值，因此可以很清楚的从两条曲线的交点得到注入的结深。

── 当前曲线
── 到一条曲线
── 前两条曲线

▶ 继续输入初始条件，比较分布曲线
清除显示的曲线，并重新输入初始条件
显示衬底中注入杂质的浓度分布

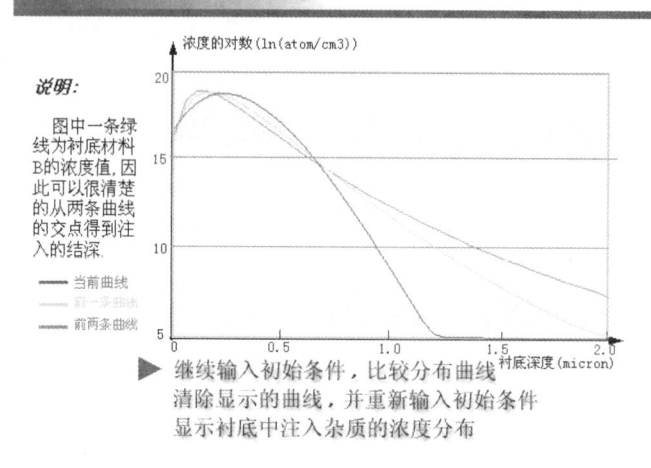

图4.7　离子注入分布曲线

- "清除显示的曲线，并重新输入初始条件"，新绘出一条曲线，以便比较一组新的曲线。
- "显示衬底中注入杂质的浓度分布"，结果如图4.8所示。可以找到由各条分布曲线和代表衬底杂质浓度值的一条绿色线的交点来得到注入的结深。

## 离子注入后的浓度分布值

| 深度:micro | 浓度:ln(atom/cm3) | 深度:micro | 浓度:ln(atom/cm3) |
|---|---|---|---|
| 0.0 | 16.71 | 1.05 | 7.87 |
| 0.05 | 17.53 | 1.1 | 6.88 |
| 0.1 | 18.1 | 1.15 | 5.91 |
| 0.15 | 18.46 | 1.2 | 5.22 |
| 0.2 | 18.64 | 1.25 | 5.03 |
| 0.25 | 18.65 | 1.3 | 5 |
| 0.3 | 18.53 | 1.35 | 5 |
| 0.35 | 18.29 | 1.4 | 5 |
| 0.4 | 17.94 | 1.45 | 5 |
| 0.45 | 17.49 | 1.5 | 5 |
| 0.5 | 16.96 | 1.55 | 5 |
| 0.55 | 16.36 | 1.6 | 5 |
| 0.6 | 15.7 | 1.65 | 5 |
| 0.65 | 14.98 | 1.7 | 5 |
| 0.7 | 14.21 | 1.75 | 5 |
| 0.75 | 13.4 | 1.8 | 5 |
| 0.8 | 12.55 | 1.85 | 5 |
| 0.85 | 11.66 | 1.9 | 5 |
| 0.9 | 10.75 | 1.95 | 5 |
| 0.95 | 9.81 | 2.0 | 5 |
| 1.0 | 8.85 | | |

返回

图4.8　浓度分布值界面

**第五步　分别改变初始条件进行模拟**

初始能量不变、改变注入剂量（大、中、小）三次和注入剂量不变、改变初始能量三次，记录每次工艺模拟的条件和杂质分布曲线。

## 六、思考题

1．原始数据记录：
- 离子注入机原理结构

结合 Varian 公司生产的离子注入机 Model 350D 进行说明
- 实验模拟初始条件及注入的结深（列表）
- 相应杂质浓度分布曲线

2．实验结果分析，说明影响注入杂质浓度分布的主要因素。

3．分析相同注入能量、不同注入剂量和相同注入剂量、不同注入能量的两组曲线的变化趋势（包括注入结深、曲线的形貌及杂质浓度峰值及对应的位置等）。

# 实验五　真空蒸发工艺

## 一、引言

集成电路金属化工艺是将硅芯片上有源元件和无源元件按设计的要求连接起来形成一个完整的电路和系统，并提供与外电源相连接的接点。在硅平面晶体管和集成电路生产中，常用铝作电极材料。这是因为铝与 P 型硅或重掺杂的 N 型硅都可以形成低电阻欧姆接触，它与硅和二氧化硅粘附力强，而且铝金属薄膜易于蒸发和光刻。将金属薄膜材料淀积在硅片上的方法很多，包括蒸发、溅射等物理气相沉积（PVD）技术和化学气相沉积（CVD）技术。其中，真空蒸发镀膜法具有简单方便、成膜速度快等特点，被广泛应用于金属、有机半导体等材料的沉积。

## 二、实验目的

1．了解真空的获得、测量的一般知识；
2．了解蒸发镀膜设备的结构、工作原理、操作规程；
3．掌握金属铝薄膜制备工艺。

## 三、实验原理

（一）真空的基本知识

粗略地说，真空就是指气压值低于一个大气压的状态或者环境，真空的物理基础是气体分子运动论，用于描述真空环境的物理量是气压值，专指真空时称为真空度，根据真空度的不同，我们有如表 5.1 分类。

表 5.1　真空度分类

| 粗真空 | $>10^2$Pa |
|---|---|
| 低真空 | $10^{-2} \sim 10^{-5}$Pa |
| 高真空 | $10^{-1} \sim 10^{-5}$Pa |
| 超高真空 | $<10^{-5}$Pa |

可见真空度越高，相应的气压值是越低的。描述真空度的物理量除了国际单位的 Pa，常用的还有 Torr，mmHg 和 bar。有如下的换算关系

$$1 \text{Torr} = 1 \text{mmHg} = 133.332 \text{Pa}$$

$$1 \text{Pa} = 10^{-5} \text{ba} = 7.50062 \times 10^{-3} \text{Torr}$$

根据分子运动论的知识，我们知道真空度越高，气压越低，分子的数密度越小，分子之间碰撞的几率也越的，分子平均自由程越高。量化的表示如下：（λ、n、Φ 分别是分子自由程、分子数密度和分子通量）

$$\lambda = \frac{1}{n\pi d^2} \qquad (5.1)$$

$$n = \frac{p}{RTN_A} \qquad (5.2)$$

$$\Phi = \frac{N_A p}{\sqrt{2\pi MRT}} \qquad (5.3)$$

真空环境对于很多工艺来说是必要的和各不相同的，就薄膜制备和分析技术来说，其一定要在不同的真空环境下完成。在粗真空状态下，气态空间的特性和大气差异不大，气体分子数目多，仍以热运动为主，分子间碰撞十分频繁，气体分子的平均自由程很短。通常，在此真空区域，使用真空技术的主要目的是为了获得压力差，而不必改变真空的性质，电容器生产中所使用的真空浸渍工艺所需的真空度就在此区域。低真空时气体分子数密度为 $10^{10} \sim 10^{13}$ 个/cm³，与大气时有很大差别。由于气体分子数减少，分子的平均自由程可以与容器尺寸相比拟，分子间的碰撞次数减少，而分子与容器壁的碰撞次数大大增加。气体的流动逐渐从粘稠流状态过渡到分子状态。此时气体中的带电粒子在电场的作用下，会产生气体导电现象，溅射技术即在低真空下进行。高真空下气体分子数密度更加降低，容器中分子数很少。因此，气体分子在运动过程中相互碰撞很少，气体分子的平均自由程已大于一般容器线度，绝大多数分子与器壁相碰撞。因而在高真空状态蒸发的材料，其分子将按直线飞行。另外，由于容器中的真空度很高，容器内物质与残余气体分子化学作用十分微弱，真空蒸发法即在高真空的环境下进行。超高真空下每 cm³ 的气体分子数在 $10^{10}$ 个以下，分子间的碰撞极少，超高真空的用途主要是得到纯净的气体和纯净的固体表面，分子束外延（MBE）、电子显微镜和其他各种表面分析技术均需在超高真空范围进行。

（二）真空的获得与测量

真空的获得就是人们常说的"抽真空"，即利用各种真空泵将被抽容器中的

气体抽出，使该空间的压强低于一个大气压。真空环境通常是在一个相对封闭的空间或者腔室中实现的，称为真空室。目前常用的真空泵有机械泵、油扩散泵、分子泵、钛升华泵、溅射离子泵和低温泵等。能使压力从一个大气压开始变小，进行排气的泵常称为"前级泵"，另一些只能从较低压力抽到更低压力，这些真空泵称为"次级泵"。至今没有一种真空泵能直接从大气一直工作到超高真空。因此，通常将几种真空泵组合使用。

本实验中我们用到的是旋片式机械真空泵和油扩散泵。

旋片式机械泵：其结构如图 5.1 所示，它的核心部分是装有偏心转子和划片的腔室，转子上划片把真空系统与外界分割开来，划片的高速旋转完成气体的隔离、压缩和排放工作。为了保证密封的严密和机械部件的润滑，上述部分都用专用油保护。这种泵通常是串联工作的，单级泵的极限真空度大约是 1Pa，两级串联后可以达到 $10^{-2}$Pa，抽气速率是 1～300L/s。

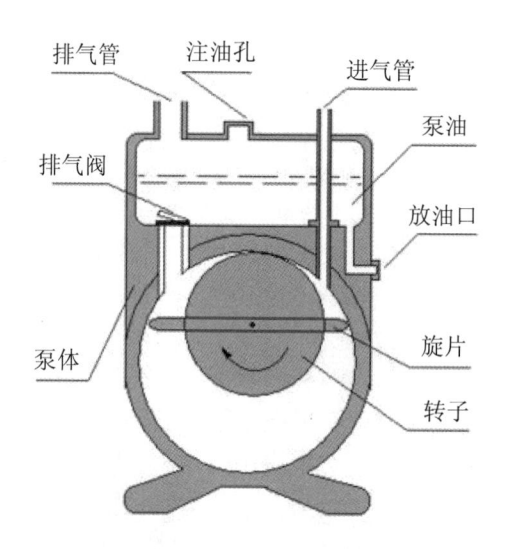

图 5.1　旋片式机械泵结构示意图

油扩散真空泵：油扩散泵的工作原理不同于机械泵，其中没有转动和压缩部件。如图 5.2 所示，它的工作原理是通过电炉加热处于泵体下部的硅油，沸腾的油蒸气沿着伞形喷口高速向上喷射，遇到顶部阻碍后沿着外周向下喷射，此过程中与气体分子发生碰撞，使得气体分子向泵体下部运动进入前级真空泵。扩散泵泵体通过冷却水降温，运动到下部的油蒸气与冷的泵壁接触，又凝结为液体，循环蒸发。为了提高抽气效率，扩散泵通常由多级喷油口组成（三四个），这样的泵也称为多级扩散泵。扩散泵具有极高的抽气速率，通常可以达到 $10^3$～

$10^4$/L，其极限真空度 $10^{-4}\sim10^{-5}$Pa，排气口压力 1～10Pa。根据扩散泵的工作原理，可以知道扩散泵有效工作一定要有冷却水辅助，因此实验中一定要特别注意冷却水是否通畅和是否有足够的压力。另外，扩散泵油在较高的温度和压强下容易氧化而失效，所以不能在低真空范围内开启油扩散泵。油扩散泵一个不容忽视的问题是扩散泵泵油反流进入真空腔室造成污染，对于清洁度要求高的材料制备和分析过程，这样的污染是致命的，所以现在的高端材料制备、分析设备都采用无油真空系统，避免油污染。

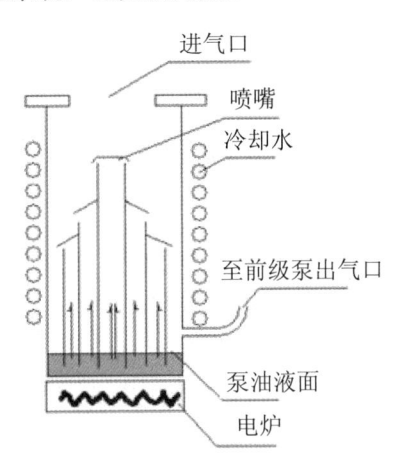

**图 5.2　油扩散真空泵结构示意图**

真空的测量就是对真空环境气压的测量，考虑到真空环境的特殊性，真空的准确测量是困难的，尤其是高真空和超高真空环境的测量。一般解决思路是先在真空中引入一定的物理现象，然后测量这个过程中与气体压强有关的某些物理量，最后根据特征量与压强的关系确定出压强。对于不是很高的真空，可以通过压强计直接测量，这样的真空计叫做初级真空计或者绝对真空计，中度以上真空需要间接测量，这样的真空计叫做次级真空计或者相对真空计。表 5.2 给出了常用真空计及其测量范围。

**表 5.2　真空计及其测量范围**

| 真空计名称 | 测量范围（Torr） | 真空计名称 | 测量范围（VTorr） |
| --- | --- | --- | --- |
| 水银 U 形真空计 | 760～0.1 | 高真空电离真空计 | $10^{-3}\sim10^{-7}$ |
| 油 U 形真空计 | 100～0.01 | 高压强电离真空计 | $1\sim10^{-6}$ |
| 光干涉油微压计 | $10^{-2}\sim10^{-4}$ | B-A 超高真空电离计 | $10^{-5}\sim10^{-10}$ |
| 压缩真空计（一般型） | $10\sim10^{-5}$ | 分离规、抑制规 | $10^{-9}\sim10^{-13}$ |

(续表)

| 真空计名称 | 测量范围（Torr） | 真空计名称 | 测量范围（VTorr） |
|---|---|---|---|
| 压缩真空计（特殊型） | $10\sim10^{-7}$ | 宽量程电离真空计 | $10^{-1}\sim10^{-10}$ |
| 静态变形真空计 | $760\sim1$ | 放射能电离真空计 | $760\sim10^{-3}$ |
| 薄膜真空计 | $10\sim10^{-4}$ | 冷阴极磁控放电真空计 | $10^{-2}\sim10^{-7}$ |
| 振膜真空计 | $1000\sim10^{-4}$ | 磁控管型放电真空计 | $10^{-4}\sim10^{-8}$ |
| 热传导真空计（一般型） | $1\sim10^{-3}$ | 克努曾真空计 | $10^{-3}\sim10^{-7}$ |
| 热传导真空计（特殊型） | $1000\sim10^{-3}$ | 分压强真空计 | $10^{-3}\sim10^{-5}$ |

本实验中用到的真空计是热电偶真空计和热阴极电离真空计，又叫做热偶规和电离规，其结构如图5.3所示。

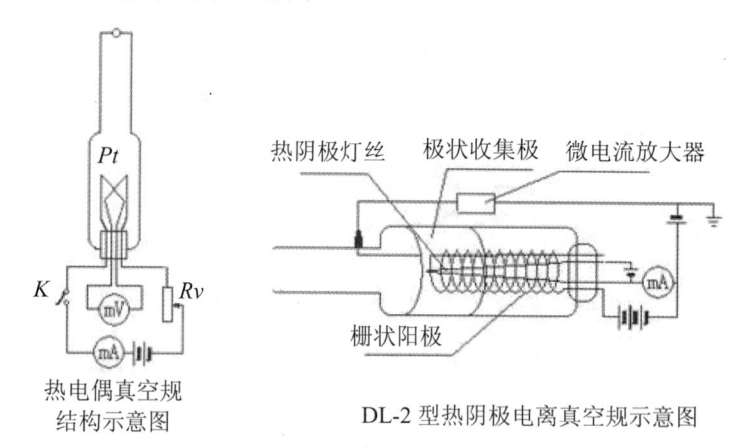

图5.3 热偶规和电离规结构示意图

（左：热电偶真空规结构示意图；右：DL-2型热阴极电离真空规示意图）

它们的工作原理分别简述如下。

热偶规：在热偶规中，热丝的温度由一个细小的热电偶测量。当两个结构温度不同时，有温差电动势存在，也就是所谓的温差电效应。其测量过程是：在热丝上加一定的电流，热丝温度升高，热电偶出现温差电动势，它的大小可以通过毫伏计测量。如果加热电流是一定的，那么热丝的平衡温度在一定的气压范围内取决于气体的压强，所以温差电动势也就取决于气体的压强。热电动势与压强的关系可以通过计算得出，形成一条校准曲线。考虑到不同气体的导热率不同，所以对于同一压强，温差电动势也是不同的（通常的热偶规是校准气体是空气或者氮气）。热偶规热丝由于长期处于较高的温度，受到环境气体的作用，容易老化，所以存在显著的零点漂移和灵敏度变化，需要经常校准。

电离规：常见的电离规的结构非常类似于三极管。热阴极灯丝加热后发射热电子，栅状阳极具有较高的正电压。热电子在栅状阳极作用下加速并被阳极吸收。由于栅状阳极的特殊形状，除了一部分电子被吸收外，其他的电子流向带有负电的板状收集极，再返回阳极。也就是说部分电子要来回往返几次才能最终被阳极吸收。可以想象，在电子运动的过程中，一定会与气体分子碰撞并电离，电离的阳离子被收集极吸收并形成电流。电子电流 $I_e$、阳离子电流 $I_i$ 与气体压强之间满足如下关系

$$P = \frac{1}{K}\frac{I_3}{I_e} \tag{5.4}$$

由此可以确定出气压。对于很高真空度的情况，气体分子很稀薄，所以被电离的气体分子数目很小，因此需要配置微电流放大装置和灯丝稳流装置。电离规的线性指示区域是 $10^{-3} \sim 10^{-7}$ Torr。电离规是中高真空范围应用最广的真空计。低真空范围内，电离规的灯丝和阳极很容易被烧掉，所以一定要避免在低真空情况下使用电离规。

一般情况下应用广泛的是由热偶规和电离规组成的所谓"复合真空计"，它总的量程是 $10^{-1} \sim 10^{-7}$ Torr，其中 $10^{-1} \sim 10^{-3}$ Torr 由热偶规测量，而 $10^{-3} \sim 10^{-7}$ Torr 范围由电离规测量。图 5.4 为本实验中所用的复合真空计面板图，左边表盘是热偶规示数表，通过控制旋钮选择使用 V1 和 V2 两个热偶规，分别测量真空室和储气系统的压强。右边表盘为电离规，当开启扩散泵运行一段时间后，可以打开电离规，测量真空室的高真空状态压强值。

图 5.4 复合真空计操作面板图

（三）真空蒸发

真空蒸发法就是把衬底材料放置到高真空室内，通过加热蒸发材料使之汽化或者升华，然后沉积到衬底表面而形成源物质薄膜的方法。

这种方法的特点是在高真空环境下成膜，可以有效防止薄膜的污染和氧化，

有利于得到洁净、致密的薄膜，因此在电子、光学、磁学、半导体、无线电以及材料科学领域得到广泛的应用。对于真空蒸发法而言，首先要明确成膜真空度范围，也就是说在什么样的真空范围内，薄膜的生成是可能的。

根据分子运动论，我们知道气体分子处于不停地热运动中，分子间存在频繁的碰撞。任意两次连续碰撞间一个分子自由运动的平均距离叫做分子平均自由程，它的表达式是

$$\bar{\lambda} = \frac{kT}{\sqrt{2}\pi d^2 P} \tag{5.5}$$

其中，$d$、$T$、$P$ 分别是分子直径、环境温度和气体压强。常温下，上式可以简化为（压强单位是 Pa）

$$\bar{\lambda} = \frac{6.67}{P}(\text{cm}) \tag{5.6}$$

真空镀膜要求的必要条件是：从蒸发源出来的蒸汽分子或者原子到达衬底材料的距离要小于真空室内残余气体分子的平均自由程。这个道理是显而易见的，因为：

（1）蒸发源物质的蒸汽压可以达到或者超过残余气体压力，从而产生快速蒸发；

（2）蒸发源物质的蒸汽分子与残余气体的碰撞机会减小，大多数可以直接到达衬底表面。这样的好处在于蒸发分子不与残余气体分子碰撞，保证形成的薄膜具有较高的纯度，也在于蒸发分子保持有较大的动能与衬底材料表面碰撞，有利于形成牢固的膜层；

（3）防止蒸发源在高温下与水汽或者与氧反应而破坏蒸发源，同时又减小热传导，不至于造成蒸发困难；

蒸发法制备薄膜材料过程中另外一个问题是蒸发速率与凝结速率的问题。任何物质在一定的温度下，总会有一些分子从凝聚态（液、固相）变成气相离开物质表面。对于真空室内的蒸发物质，当它与真空室温度相同时，则由部分气相分子因热运动而返回凝聚态，经过一定时间后达到平衡。所以说，薄膜的沉积过程实际上是物质气相与凝聚相相互转化的一个复杂过程。

理论分析表明，真空中单位面积洁净表面上发射的原子或者分子的蒸发速率是

$$N_2 = 3.513 \times 10^{22} P_v (M/T)^{\frac{1}{2}} (\text{mol} \cdot \text{cm} \cdot \text{sec}^{-1})$$

其中，$P_V$ 是蒸发源物质的饱和蒸汽压，M 是蒸汽粒子的分子量。

到达衬底表面的蒸发源物质，一部分以一定的凝结系数形成薄膜，另一部分以一定的几率反射重新回到气相状态。也就是说蒸发源物质凝结为薄膜时，有一定的凝结速率，这取决于蒸发速率、蒸发源相对衬底的位置和凝结系数。通常情况下，凝结速率的提高可以使膜层结构均匀致密，机械强度增大，光散射减小，薄膜的纯度提高，但是也有不利的影响，那就是表面迁移率减小导致的薄膜内应力增大，薄膜龟裂脱离衬底。因此，薄膜制备过程中蒸发、凝结的速率应当保持在一个合理的范围内。

衬底温度也是一个需要认真考虑的工艺参数。衬底温度越高，吸附在其上的残余气体分子将排除得越干净，从而增加薄膜与衬底的附着力，提高机械强度和结构致密度；衬底温度提高减小了与蒸发源物质再结晶温度的差异，从而消除薄膜内应力，改善膜层力学性质；衬底温度的提高也使得凝结的分子与残余气体反应加剧，对于特殊的材料而言，这种反应的充分是有益的；如果蒸镀的是金属材料，通常是采用冷衬底的，目的在于避免薄膜中存在大尺寸的晶粒对光的反射和氧化反应引起的光吸收，提高薄膜的反射率。

除了衬底，蒸发源材料也是重要的因素。这包括蒸发源材料的选择与形状。大多数情况下，蒸发源物质的蒸发温度为 1000℃～2000℃，所以蒸发源材料的熔点一定要大于这个值。为了减少蒸发源材料与蒸发源物质同时蒸发对薄膜造成的污染，通常选择高熔点的材料，如 W、Ta、Mu、Pt 等。另外，还需要考虑两者之间是否发生合金反应、两者是否浸润等等，如果蒸发源物质与蒸发源材料发生合金反应，那么容易造成蒸发源材料断裂而蒸发中止；如果两者不浸润，那么在选择蒸发源材料的形状时，一定要考虑选用舟状，线状蒸发源容易导致蒸发源物质掉落。常见的蒸发源材料形状有螺线管状、半盒状、舟状、线状等等。

本实验是真空蒸发法在玻璃衬底上制备金属 Al 薄膜，其基本工艺流程如图 5.5 所示。

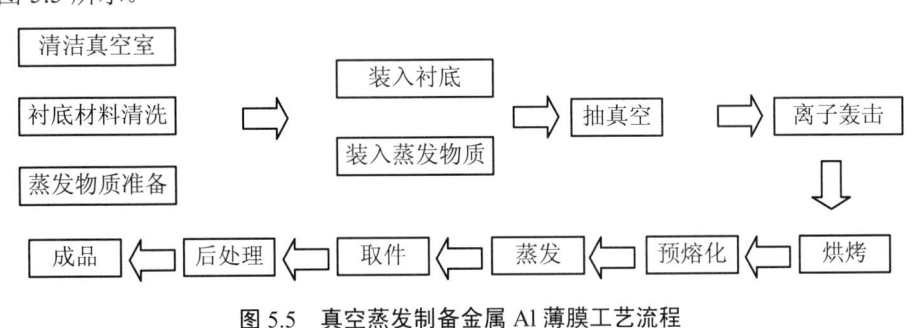

**图 5.5 真空蒸发制备金属 Al 薄膜工艺流程**

本实验的主要仪器是北京北仪创新真空技术公司生产的 DM-300B 型镀膜机，它由真空镀膜室、真空系统、提升机构和电器控制四部分组成。

（1）真空镀膜室

由钟罩、底板、蒸发源、离子轰击、烘烤装置、旋转机构组成。钟罩由不锈钢制成，钟罩前面和顶部各有一个观察窗，由硬质玻璃与真空橡胶连接保证真空密封。钟罩与提升机相连，可以在控制机构作用下上下移动。真空镀膜室的底板用碳钢制成，表面镀镉，底部与真空系统相通，底板上有各种电极和旋转机构。

（2）真空系统

真空系统是本设备的主体，其结构示意图如图 5.6。本设备采用了 XK－150A 型真空系统，配有针形阀和测量仪表。机械泵放在装有橡皮垫的槽钢上。另外，在钟罩顶部安装有针形阀，可以控制钟罩内的真空度，以便进行离子轰击。

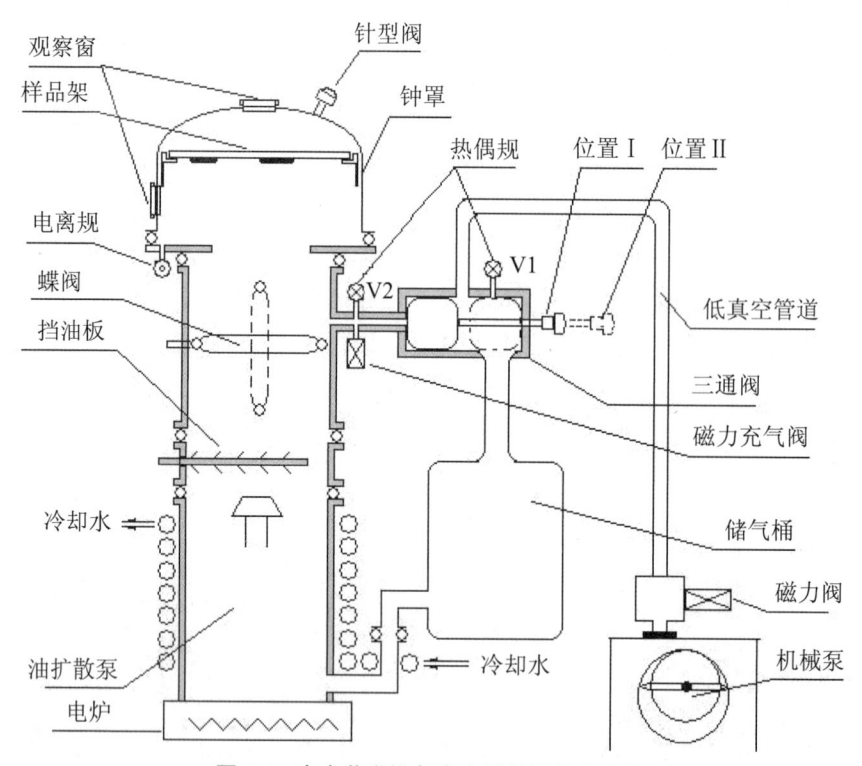

图 5.6 真空蒸发设备真空系统结构示意图

（3）提升机构

钟罩的升降采用电动，电动机经过一级皮带轮减速后，带动丝杠旋转，螺母连同立柱作升降运动。在最高、最低处有限位开关控制。

（4）电气控制

电气控制包括机械泵、扩散泵、轰击、蒸发、烘烤、工件旋转、钟罩升降控制和安全保护装置等等。

铝被蒸发到硅表面经反刻形成一定的连接图形后，还必须经过一道合金化的工序。因为在合金化之前，铝和硅之间的接触并不是低阻的欧姆接触，而可能有很大的接触电阻或者是金属-半导体的整流接触。合金化的目的就是为了获得铝、硅之间低阻的欧姆接触。所谓合金化，就是把蒸好铝的硅片放在真空或氮气气氛中加热到580℃左右，使一部分硅熔到铝里面去形成铝-硅合金，冷却凝固后就可以获得低电阻的欧姆接触。为什么合金化后可以形成低阻欧姆接触呢？在合金化处理过程中，当硅片冷却到易熔点温度以下，铝硅就要从熔态中结晶出来，在界面上形成硅的再结晶层，铝在再结晶层中的含量取决于铝在硅中的固态溶解度，在这个再结晶层中铝的浓度很小约 $5\times10^{18}/cm^3$，其余的铝成为再结晶层上面的电极。如果合金化的区域是 P 型，那么由于铝是 P 型杂质，再结晶层同原来区域都是 P 型，从而保证了它们之间也是欧姆接触。如果合金化的区域是 N 型的，则要求 N 型杂质的浓度比铝的溶解度 $5\times10^{18}/cm^3$ 大得多，否则再结晶层是 P 型，它同原始 N 型硅之间会形成一个 P-N 结，造成了不希望有的整流接触。合金化处理除了形成电极的欧姆接触外，还有一个作用就是增加铝与二氧化硅的附着，使得铝膜同氧化层粘附得很牢，这样在键合时可以使焊接点牢牢固定在硅片上。

## 四、实验内容

1. 真空的获得和测量；
2. 金属 Al 薄膜的蒸发沉积；
3. 掌握硅铝合金化工艺。

## 五、实验步骤

（一）操作步骤

1. 衬底材料、蒸发源材料、物质的清洗处理
2. 真空蒸发台的操作

（1）开总电源；

（2）开磁力充气阀，对钟罩充气完毕关闭气阀，升起钟罩；

（3）安装蒸发源、蒸发物质及衬底材料；

（4）落下钟罩，开机械泵，低阀处于抽钟罩位置，接通低真空测量；

（5）机械泵对钟罩抽低真空至 1.3 Pa；

（6）接通轰击电路，调节针阀，使真空保持在 6～7 Pa。调节轰击调压器，进行离子轰击；约 20 分钟后，将调压器调回零位，关闭针阀；

（7）接通冷却水，将低阀推到系统位置，开扩散泵加热 40 min 后，开高阀，待真空度超过 $1.3 \times 10^{-1}$ Pa 时接通高真空测量，低真空测量开关打到扩散泵前级测量位置；

（8）接通烘烤，调节好所需达到的温度；

（9）开工件旋转，调节前左门的调压器，在工件加热过程中使工件低速旋转，当蒸发时再调制所需要的旋转速度；

（10）选好蒸发电极，接通蒸发，调节调压器，逐渐加大电流，开始预熔化，用挡板挡住蒸发源，避免初熔时的杂质蒸发到工件上；

（11）加大电流开始蒸发，移开挡板进行薄膜沉积；

（12）沉积过程完成后，转动挡板蒸发源，迅速将调压器回零。选择电流分配器，使另一对电极工作，按照（10）～（12）的步骤进行；

（13）待工件冷却后，关闭高真空测量，关高阀，低阀拉出到位置Ⅱ（抽钟罩位置），停机械泵，对钟罩充气，开启钟罩取零件，清洗镀膜室；

（14）需要下一次镀膜的操作程序如下：

A．同（3）；

B．关钟罩，接通低真空测量，开机械泵，对镀膜室抽低真空；

C．同（6）；

D．将低阀推至抽系统位置，开高阀，接通高真空测量，低真空测量转换至前级测量；

E．按照（8）～（13）进行。

（15）如果需要停止镀膜机工作，先关闭高真空测量，停扩散泵，关高阀，将低阀拉出至Ⅱ位置，停止机械泵，再对钟罩充气。再取出工件后，再将钟罩内工件清洗干净，落下钟罩，开机械泵对钟罩抽低真空 3～5 min 后，停止机械泵，低真空磁力阀自动对机械泵充气，关好总电源，切断冷却水，全部工作结束。

3．取一片蒸铝的硅片放进合金炉中进行合金化处理，温度 500 ℃，时间 20 min。

4．观察合金前后硅片表面铝层的变化。

（二）镀膜机使用维护的注意事项

1．镀膜工作进行2~3次后，必须及时清洗钟罩及镀膜室内零件，避免蒸发物质大量进入真空系统而损害真空性能；

2．扩散泵连续工作时，落下钟罩后必须先对钟罩抽低真空，当达到6~7 Pa后再开高阀，绝对不容许直接抽高真空，以避免扩散泵油氧化；

3．制备工作结束后，应首先切断高真空测量，再关闭高阀，然后充气以免电离规管损坏及扩散泵油氧化；

4．中途突然停电，应立即切断高真空测量，再关闭高阀，低阀拉出到Ⅱ位置，来电后，待机械泵工作2~3分钟后，再恢复正常工作；

5．若真空度不正常，可以利用附件（管道盖板）将镀膜室底板上排气口盖住，试一下底板一下的真空性能是否正常，以缩小可疑点，正确找出原因；

6．钟罩处于真空状态时，绝对不能提升钟罩，否则提升机构将损坏；

7．充气完毕后，应将充气阀门立即关闭；

8．各真空元件及仪表的维修保养参阅其说明书。

## 六、思考题

1．什么是分子平均自由程？真空度越高，平均自由程越大还是越小？

2．真空泵有哪些？实验中用到的真空泵的极限真空度是多少？

3．蒸发法薄膜制备中，要得到优良的薄膜，需要注意哪些问题？

4．为什么选择钨丝作为蒸发源加热材料？用高纯度碳棒可以吗？为什么？

5．经合金化工艺处理后，铝层表面有何变化，为什么会有此变化？

6．蒸发的铝层和硅片表面为什么要合金，不合金对电路的特性有何影响？

# 实验六  溅 射 工 艺

## 一、引言

溅射工艺的原理是利用辉光放电将工作气体离化，带电荷的离子（一般为Ar+）在电场作用下加速撞击靶电极，使靶表面的原子溅射出来，沉积到硅衬底上形成薄膜。溅射法是区别于真空蒸发的另一种物理气相沉积技术，具有很多优于真空蒸发法的特点，例如溅射沉积的薄膜纯度高、致密性好、与基片之间粘附紧密等。由于溅射原子的动能远高于蒸发原子，其在图形衬底上的迁移能力大大优于蒸发原子，因此溅射镀膜法的台阶覆盖能力优于蒸发法。在Cu互联的金属化工艺中，即用溅射法来制备导电势垒层和Cu籽晶层。近几十年来，磁控溅射技术已经成为最重要的镀膜方法之一，广泛应用于工业生产和科学研究领域。

## 二、实验目的

1. 了解溅射法镀膜原理，熟悉超高真空磁控溅射设备的构造和操作方法；
2. 学会使用超高真空磁控溅射设备制备金属膜。

## 三、实验原理

溅射镀膜法的物理基础是溅射现象，即高能粒子轰击固体表面（靶），使固体原子（或分子）从表面射出的现象。早期有人认为，溅射现象是高能粒子碰撞固体表面时，将能量传递给固体表面的原子，使固体表面的局部小区域内发生瞬间高温，从而区域内的原子熔化蒸发出来。后来，人们意识到溅射时不同于蒸发的物理现象，是轰击粒子与靶粒子之间动量转移的结果，如图6.1所示。

溅射镀膜基于高能离子轰击靶材时的溅射效应，而溅射离子都来源于气体的辉光放电，因此，辉光放电是溅射的基础。辉光放电是在真空度约为$10^{-1}$Pa的稀薄气体中，两个电极之间加上气压时产生的一种气体放电现象。考虑一个简单的二极系统，如图6.2所示，系统压强为几十帕（溅射时一般为氩气），在两极间加上电压后，在正负电极高压的作用下，极间的气体原子将被大量电离。电离过程使Ar原子电离为Ar$^+$离子和可以对立运动的电子，其中电子飞向阳极，而带正电荷的 Ar⁺离子则在高压电场的加速作用下飞向作为阴极的靶材，并在与靶材的撞击过程中释放出其能量。离子高速撞击的结果就是大量的靶材原子获得了相当高的能量，使其可以脱离靶材的束缚而飞向衬底，在衬底上成膜。当然，在上述这种溅射过程中，还可能伴随有其他粒子，如二次电子、离子、光子等从阴极发射。

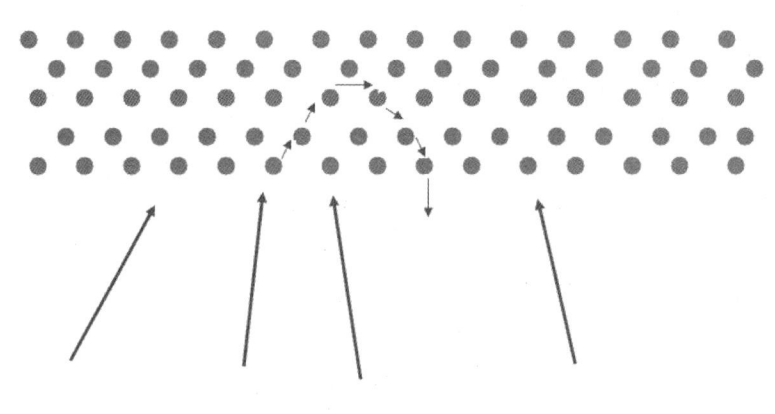

图 6.1　溅射时的动量转移

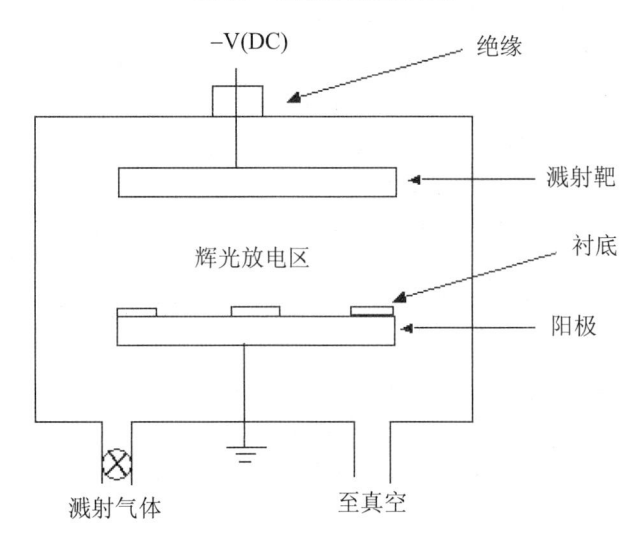

图 6.2　直流二极溅射系统示意图

溅射法得到大力发展和重视的一个重要原因在于这种方法易于保证所制备薄膜的化学成分与靶材基本一致，而这一点蒸发法很难做到。溅射法使用的靶材可以根据材质分为纯金属、合金及各种化合物。金属与合金的靶材可以用冶炼或粉末冶金的方法制备，其纯度及致密性较好；化合物靶材多采用粉末热压的方法制备，其纯度及致密性往往要稍逊于前者。

具体的溅射方法较多，根据使用电源的不同，可以分为直流溅射，射频溅射和中频交流溅射等，如果在溅射靶上加上磁场，可以构成磁控溅射，如果在溅射时通入反应气体，可以获得与靶材成分不同的薄膜，称为反应溅射。下面简单介绍几种常用的溅射方法。

1. 直流溅射法

直流溅射又称阴极溅射或二极溅射，如图 6.2 所示。在直流溅射过程中，常用氩气 Ar 作为工作气体。当经过加速的入射离子轰击靶材（阴极）表面时，会引起电子发射，在阴极表面产生的这些电子，开始向阳极加速后进入负辉光区，并与中性的 Ar 原子碰撞，产生自持的辉光放电所需的 $Ar^+$ 离子。在相对较低的气压条件下，Ar 原子的电离过程多发生在距离靶材很远的地方，因而 $Ar^+$ 离子运动至靶材处的几率较小。同时，低气压下电子的自由程较长，电子在阳极上消失的几率较大，而 $Ar^+$ 离子在阳极上溅射的同时发射出二次电子的几率又由于气压较低而相对较小。因此，在低工作气压下 Ar 原子的离化效率很低，溅射速率和效率很低。

随着氩气工作气压的增加，电子平均自由程减小，原子电离几率增加，溅射电流增加，溅射速率提高。但当气压过高时，溅射出来的靶材原子在飞向衬底的过程中将会受到过多的散射，因而其沉积到衬底上的几率反而下降。因此随着气压的变化，溅射沉积的速率会出现一个极值。一般来讲，沉积速度与溅射功率成正比，与靶材和衬底之间的间距成反比。

溅射气压较低时，入射到衬底表面的靶材原子没有经过多次碰撞，能量较高，这有利于提高沉积时原子的扩散能力，提高沉积组织的致密程度。溅射气压的提高使得入射的原子能量降低，不利于薄膜组织的致密化。

2. 射频溅射法

采用直流溅射法需要在溅射靶上加一负电压，因而就只能溅射导体材料，而不能沉积绝缘材料，其原因在于轰击绝缘介质靶材时表面的离子电荷无法中和，于是靶面电位升高，外加电压几乎都加在靶上，两极间的离子加速与电离机会就会变小，甚至不能发生电离，致使放电停止或不能连续，溅射停止。因此，对于导电性很差的非金属材料或绝缘介质的溅射，需要一种新的溅射方法——射频溅射法（RF）法。

射频溅射装置相当于把直流溅射中的直流电源部分由射频发生器，匹配网络和电源所代替，如图 6.3 所示。它是利用高频电磁辐射来维持低气压（约

$2.5\times10^{-2}$ Pa）的辉光放电。阴极安置在紧贴介质靶材的后面，把高频电压加在靶上，这样，在一个周期内正离子和电子就可以交替地轰击靶，从而实现溅射介质靶材的目的。当靶电极为高频电压的负半周时，正离子对靶材进行轰击引起溅射，同时靶材表面会有正电荷的积累；当靶材处于高频电压的正半周时，由于电子对靶的轰击中和了积累在介质靶表面上的正电荷，这样就为下一周期的溅射创造了条件。由于在一个周期内对靶材既有溅射又有中和，故能使溅射持续进行，这就是射频溅射法能够溅射介质靶材的原因。

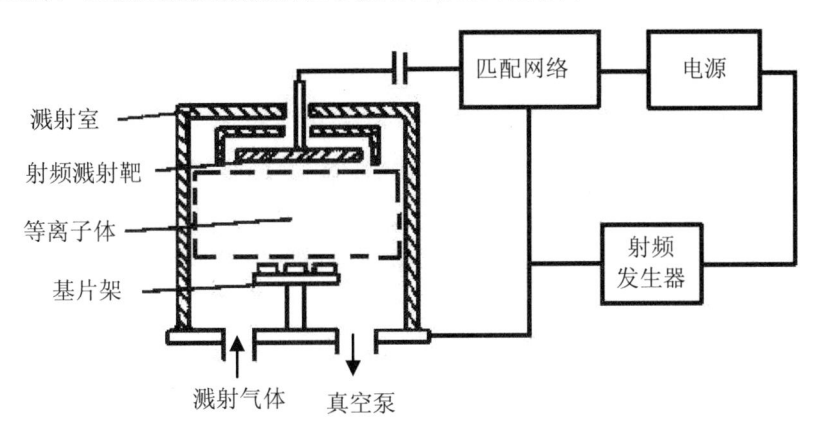

图 6.3  射频溅射装置示意图

综上所述可知，在一个周期内介质靶最多只在半周期中受到离子轰击。阴极是介质靶，就相当于在高频电路中加了一个阻塞电容器 $C$，使靶面形成一个直流负电位，即负的自偏压，从而使靶材受到离子轰击的时间和电压都会增加。

实际应用的高频溅射系统中，常采用非对称平板结构，把高频电源一极接在小电极（靶）上，而将大电极和屏蔽罩等相连后接地作为另一电极，这样，在小电极处产生的暗区电压降比大电极暗区压降要大得多，致使流向大电极的离子能量小于溅射阀能，在大电极上就不会发生溅射。因此，只要用小电极作为靶，而将基片放置在大电极上，就可进行高频溅射镀膜。通常，在溅射中使用的高频电源频率已经属于射频范围，其频率区间为 10MHz～30MHz，目前国际上通常采用的射频频率多为美国联邦通讯委员会建议的 13.56MHz。

3．磁控溅射法

从上面的讨论可知道，溅射沉积具有两个缺点：第一，沉积速率较低；第二，溅射所需的工作气压较高，这两者的综合效果是气体分子对薄膜产生污染的可能性提高。

磁控溅射技术是从20世纪70年代发展起来的一种新型溅射镀膜法，具有沉积速率较高，工作气压较低的优点。一般磁控溅射的靶材与磁场的布置形式如图6.4所示，这种磁场设置的特点是在靶材的部分表面上方使磁场方向与电场方向垂直，从而进一步将电子的轨迹限制到靶面附近。运动电子受到磁场作用（洛仑兹力）而使运动轨迹发生弯曲乃至形成螺旋运动，导致电子运动路径加长，因而增加了与工作气体分子的碰撞次数，提高了电子对工作气体的电离几率和有效地利用电子的能量，导致磁控溅射速率数量级的提高。同时，经多次碰撞而丧失能量的电子进入离阴极靶面较远的弱电场区最后到达阳极时，已是能量消耗殆尽的低能电子，也就不再会使基片过热，因此可大大降低基片温度。实际的做法可将永久磁体或电磁线圈放置在靶的后方，从而造成磁力线先穿出靶面，然后变成与电场方向垂直，最终返回靶面的分布，磁力线方向如图6.4中所示。

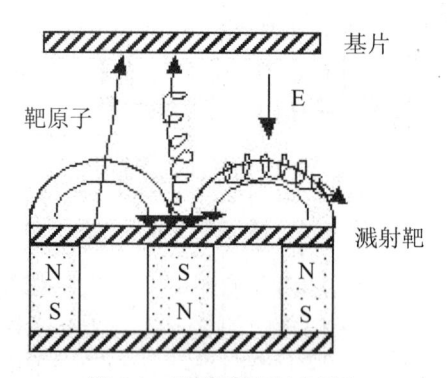

图 6.4 磁控溅射法原理图

同溅射一样，磁控溅射也分为直流（DC）磁控溅射和射频（RF）磁控溅射。由于射频磁控溅射不要求作为电极的材料为导电的，因此，理论上利用射频磁控溅射可以溅射沉积任何材料。由于磁性材料对磁场的屏蔽作用，溅射沉积时它们会减弱或改变靶表面的磁场分布，影响溅射效率甚至无法起辉。因此，磁性材料的靶材需要特别加工成薄片，尽量减小对磁场的影响。

本实验采用的中国沈阳科学仪器研制中心有限公司制造的JGP500D1型超高真空多功能磁控溅射设备，如图6.5所示。此设备是带有进样室的超高真空多功能磁控溅射镀膜设备。它可用于超高真空背景下，磁控溅射方式制备各种金属薄膜、介质薄膜、半导体薄膜。在镀膜工艺条件下，采用先进的微机控制溅射样品转盘和靶极挡板，既可以制备单层薄膜，又可以制备各种多层薄膜。

在主溅射室中总共有 3 个靶位，溅射靶直径为 6 cm。共有 1 个直流溅射电源和两个射频溅射电源。磁性靶材的厚度为 2~3 mm，非磁性靶材的厚度可以厚些，约为 6 mm。在样品转盘上留有六个样品支架，每个样品支架的直径同靶材直径一样，也为 6 cm，样品转盘和靶基都采用循环水冷却。在靶材和样品转盘之间有一挡板，挡板中留有一个与靶材直径相同的孔洞，在预溅射时挡住靶材，不至于溅射到衬底上，也可以用来选择溅射不同的衬底。就总体结构而言，该设备分为真空系统、机械系统与控制系统这三部分。其中真空系统提供了薄膜材料制备的环境条件，如图 6.6 所示，熟悉真空系统结构是正确操作设备的基础。

$V_1$~$V_9$：调节阀门，其中 $V_4$ 是直通大气的放气阀；$G_1$~$G_3$：截止阀，$G_1$ 位于设备后部，用于隔离溅射室与分子泵；$G_2$ 用于隔离溅射室与进样室；$G_3$ 用于隔离进样室与分子泵；$T_1$~$T_2$：分子泵；$R_1$~$R_2$：机械泵；MFC1~MFC3：质量流量计；A、B、C、O：外部气体接口；DF：隔离电磁阀。

图 6.5 JGP500DI 型超高真空多功能磁控溅射系统

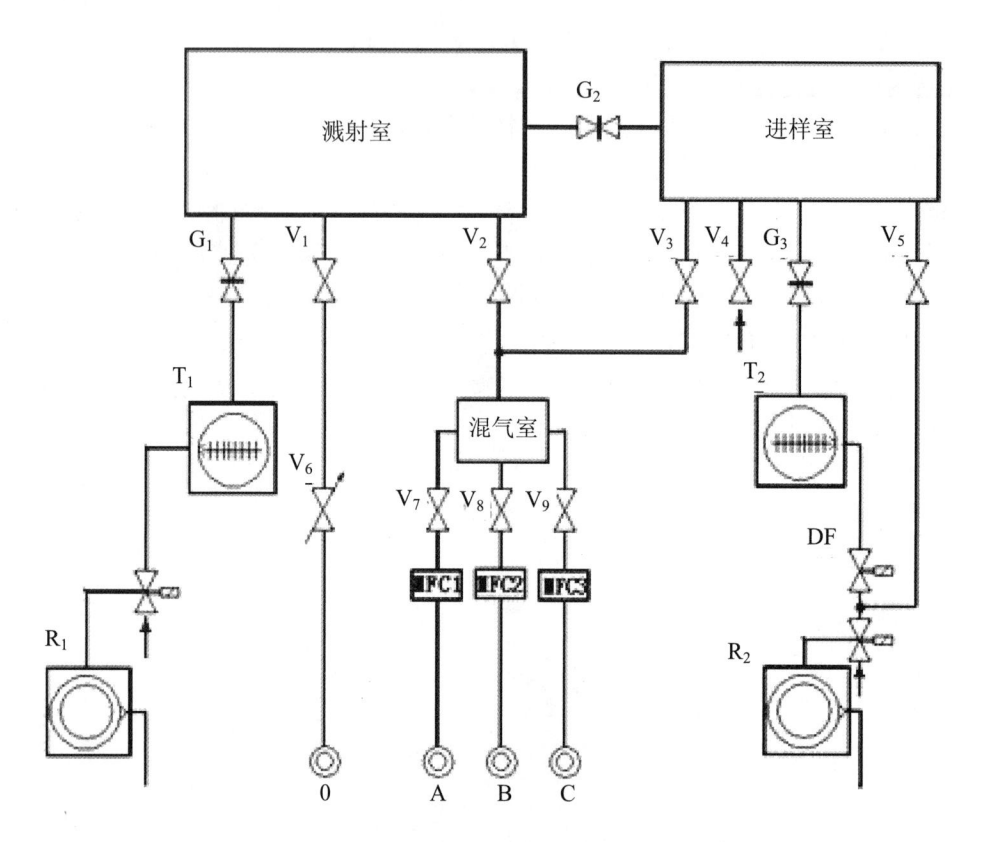

图 6.6　JGP500DI 型超高真空磁控溅射系统的真空系统示意图

## 四、实验内容

在硅片上溅射沉积金属 Cu 薄膜。

## 五、实验步骤

1. 预处理

先将硅片分割为 20mm×20mm 小片，然后用如下的标准工艺进行清洗。
（1）无水乙醇超声清洗 10 分钟；
（2）去离子水超声清洗 10 分钟；
（3）DHF（5%）浸泡 30 s；
（4）热氮气吹干。

2．进样

（1）接通冷却水；启动总电源；

（2）确认 $G_1$、$G_3$、$V_1$、$V_2$、$V_3$、$V_5$ 已关闭，打开 $V_4$ 和闸板阀 $G_2$ 向溅射室充入 $N_2$。当溅射室气压达到大气压时关闭 $V_4$ 和 $G_2$；

（3）检查定位销、机械手、磁力传递杆是否处于安全位置；按电源"升"按钮，升起真空室钟罩；

（4）依次取下溅射挡板，屏蔽罩，放入溅射铜靶，再将屏蔽罩，溅射挡板安装固定，调整挡板开口，确保其在溅射靶正上方位置；

（5）将清洗好的衬底放入样品托并固定好，倒放入溅射靶上方的样品架。

（6）按电源"降"按钮，降下真空室钟罩，注意找正，小心发生碰撞。

3．抽真空

启动机械泵Ⅱ和机械泵Ⅰ，打开 $V_5$；打开复合真空计监测真空度；当真空度低于 10Pa 时，关闭 $V_5$，关机械泵Ⅱ，启动分子泵 $T_1$，打开闸板阀 $G_1$；打开超高真空计 DL-7 监测真空度。通过抽真空，使溅射室的本底真空达到 $5\times10^{-4}$Pa 左右（抽高真空时，可关闭闸板阀 $G_2$，以便迅速将主溅射室压强降低）。

4．溅射

（1）打开溅射电源总开关和射频溅射电源开关，灯丝预热；

（2）关闭电离真空计，将闸板阀 $G_1$ 调至最小；

（3）一次缓慢打开 $V_2$，$V_9$，将管路中残余气体抽走；

（4）打开 Ar 气瓶，适当调节 MFC 进气量，控制 Ar 流量为 51sccm，使溅射室真空度维持在 1Pa。

（5）工作气压稳定后，按下溅射开关，将射频功率调至 40 W，调节匹配电容 C1 和 C2，使反射功率减至最小，磁控靶起辉，开始溅射计时。

（6）溅射 1 小时，关闭射频励磁电源和 MFC 质量流量计电源。关闭主溅射室进气截止阀 $V_1$ 和 $V_2$，全开 $G_1$ 闸板阀，使主溅射室用分子泵直接抽气，进入高真空状态（$10^{-5}$Pa）。

5．关机

（1）关闭各路仪表，关闭系统所有阀门：$G_1$、$G_2$、$V_5$ 等；关闭氩气。

（2）停分子泵 $T_1$、$T_2$，7~8 min 后关闭分子泵；关闭机械泵Ⅰ、机械泵Ⅱ。

6．取样

按步骤 2 可重新开启真空室，取出或更换样品和靶材，更换完毕后按步骤 3 将真空室抽成真空状态。

7．按步骤 5 关机，关总电源和冷却水。

## 六、思考题

1. 安放溅射靶材时的注意事项。
2. 比较溅射法和蒸发法所制备的薄膜的区别。

# 实验七　等离子体化学气相沉积（PECVD）工艺

## 一、引言

化学气相沉积（CVD）是半导体工业中应用最为广泛的一种薄膜沉积技术，利用这种技术可以在各种基片上制备元素及化合物薄膜。与物理气相沉积相比，化学气相沉积过程控制较为复杂，但所使用的设备相对简单，适合工业化批量生产。目前，CVD技术已经成为微电子技术中的重要组成部分，在集成电路及各种分立器件的制造工艺中起着关键的作用。例如硅基集成电路工艺中，单晶、多晶硅薄膜的生长，二氧化硅、氮化硅等硅基介质材料的生长，金属W的沉积；硅薄膜太阳能电池中硅薄膜的生长；光电器件中采用金属有机物化学气相沉积制备各种化合物半导体。

## 二、实验目的

1. 了解等离子体增强化学气相沉积（PECVD）沉积系统、电源控制系统和气流流量显示系统的基本工作原理；
2. 采用PECVD技术制备氮化硅薄膜材料。

## 三、实验原理

1. 基体原理

化学气相沉积技术是在加热衬底表面上，通过一种或者几种气态元素或者化合物间发生的化学反应而形成薄膜材料的薄膜制备方法，其基本原理建立在气体的化学反应的基础上，习惯上把反应物是气体而生成物之一是固体的反应称为CVD反应。一般认为有以下几种类型的CVD反应（g和s分别代表气体和固体）

热分解反应：

$$SiH_4(g) \xrightarrow{\Delta} Si(s) + 2H_2(g)$$

$$CH_4(g) \xrightarrow{\Delta} C(s) + 2H_2(g)$$

$$TiI_4(g) \xrightarrow{\Delta} Ti(s) + 2I_2(g)$$

还原或置换反应：

$$SiCl_4(g) + 2H_2 \xrightarrow{\Delta} Si(s) + 4HCl$$

氧化反应：

$$SiH_4(g) + O_2 \longrightarrow SiO_2(s) + 2H_2(g)$$

氮化反应：

$$3SiH_2Cl_2(g) + 4NH_3(g) \longrightarrow Si_3N_4(s) + 6HCl(g) + 6H_2(g)$$

水解反应：

$$Al_2Cl_6(g) + 2CO_2(g) + 3H_2(g) \longrightarrow Al_2O_3(s) + 6HCl(g) + 3CO(g)$$

通过热分解反应制备薄膜的化学气相沉积法称为热分解沉积。它是利用化合物加热分解，从而在基片表面得到固态薄膜的方法，它是化学气相沉积的简单形式。用作热分解反应沉积的气态反应源材料包括硼的氢化物、氯化物、黑色金属（铁、钴和镍）的羰基化合物和某些金属（铬、铝、铜和锌）的有机化合物等。

有两种或者两种以上的气体在加热的衬底表面发生化学反应的 CVD 过程称为化学反应沉积，它几乎包括了热分解反应以外的其他所有 CVD 反应。与热分解法相比，化学合成反应法的应用范围更为广泛。因为可以用热分解法沉积的化合物并不是很多，但任意一种无机材料在原则上都可以通过合适的化学反应合成出来。用这种方法除了可以制备单晶薄膜以外，还可以制备多晶和非晶薄膜。

实际生产时，CVD 工艺设备必须保证 CVD 反应正常进行。CVD 的工艺装置结构主要由反应器，供气系统和加热系统组成（低压式反应还有真空系统），其中反应器是 CVD 装置中最基本的部分，可分为卧式反应器、立式反应器和桶式反应器等。图 7.1 所示为低压化学气相沉积（LPCVD）所用的卧式反应器。选择 CVD 反应和反应器决定很多因素，主要有薄膜的性质、质量、成本、设备大小、操作方便、原料的纯度和来源方便及安全可靠等。但任何 CVD 所用的反应体系，都必须满足以下三个条件。

## 等离子体化学气相沉积（PECVD）工艺  实验七

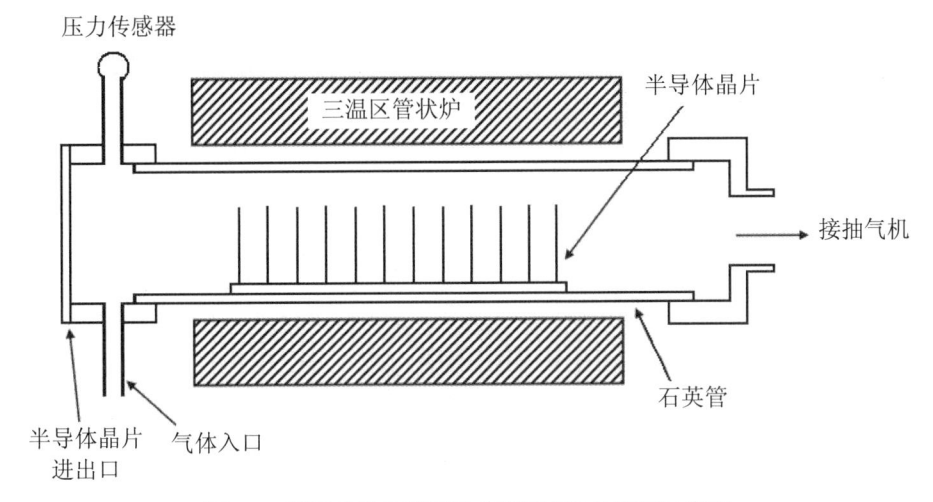

图 7.1 低压化学气相沉卧式积反应器的结构示意图

第一，在沉积温度下，反应物必须有足够高的蒸汽压，要保证能以适当的速度被引入反应室；

第二，反应产物除了所需要的沉积物为固态薄膜之外，其他反应产物必须是挥发性的；

第三，沉积薄膜本身必须具有足够低的蒸汽压，以保证在整个沉积反应过程中都能保持在受热的基体上；基体材料在沉积温度下的蒸汽压也必须足够低。

总之，CVD 的反应在反应条件下是气相，生成物之一必须是固相。

2．CVD 法制备薄膜的过程

CVD 法制备薄膜的过程，可以分为以下几个主要的阶段：

（1）反应气体向基片表面扩散；

（2）反应气体吸附于基片的表面；

（3）在基片表面上发生化学反应；

（4）在基片表面上产生的气相副产物脱离表面而扩散掉或被真空泵抽走，在基片上留下不挥发的固体反应产物——薄膜。

上述过程是依次进行的，其中最慢的步骤限制了反应速率的大小。

薄膜沉积过程中可控制的变量有气体流量、气体组分、沉积温度、气压等。一般来说，沉积温度是影响沉积膜质量的主要因素，沉积温度越高，沉积速率越大，沉积物成膜越致密。

反应气体的浓度和相互间的比例是影响沉积速率和质量的又一因素。对反应

$$BCl_3(g) + NH_3(g) \longrightarrow BN(s) + 3HCl(g)$$

理论上气体流量比应为 1∶1，实验中，$NH_3$∶$BCl_3$ 小于 2 时，沉积速率很低，大于 4 时有 $NH_4Cl$ 等中间产物出现，对沉积膜的化学配比等也有影响，必须通过实验来确定物质间的最佳流量比。

基片对沉积膜也有很大的影响，一般要求沉积膜层和基片之间有一定的附着力，也就是基片材料和沉积膜之间有强的亲和力，相近的热膨胀系数，结构上有一定的相似性（较小的晶格失配）。

一般 CVD 的沉积温度较高，多数都必须在 900℃～1000℃甚至更高才能实现，高温会带来许多问题，包括基片变形，基片与膜材料相互扩散等。所以它在应用上受到一定限制。等离子体增强化学气相沉积（Plasma-Enhanced Chemical Deposition，PECVD，）可以在比传统化学气相沉积低得多的温度下制备薄膜材料，因而得到了日益广泛的应用。

PECVD 是利用辉光放电的物理作用来激活化学气相沉积反应，其在辉光放电形成的等离子体内部，各种带电粒子各自达到热力学平衡状态，等离子体中没有统一的温度，只有所谓的电子气温度和离子温度。此时，电子气的温度约比普通气体分子的平均温度高 10～100 倍，电子能量为 1～10eV，相当于温度 $10^4$～$10^5$K。所以，宏观上看，这种等离子体的温度不高，但其内部却处于受激发的状态，其电子能量足以使气体分子键断裂，并导致具有化学活性的物质的产生，使本来需要在高温下才能进行的化学反应在较低的温度甚至常温下也能在基片上形成固体薄膜。

PECVD 既包括了化学气相沉积技术，又有辉光放电的增强作用。在 PECVD 中，除了有热化学反应外，还存在着极其复杂的等离子体化学反应。用于激发 CVD 的等离子体有：射频等离子体、直流等离子体、脉冲等离子体和微波等离子体以及电子回旋共振等离子体等。图 7.2 是典型的平板式射频 PECVD 反应器的结构示意图。

3．等离子体在化学气相沉积中的作用

（1）将反应物中的气体分子激活成活性离子，降低反应所需的温度；

（2）加速反应物在表面的扩散作用，提高成膜速度；

（3）对于基片及膜层表面具有溅射清洗作用，溅射掉那些结合不牢的粒子，从而加强了形成的薄膜和基片的附着力；

（4）由于反应物中的原子、分子、离子和电子之间的碰撞、散射作用，使形成的薄膜厚度均匀。

4．PECVD 的优点

PECVD 和普通 CVD 比较有如下优点：

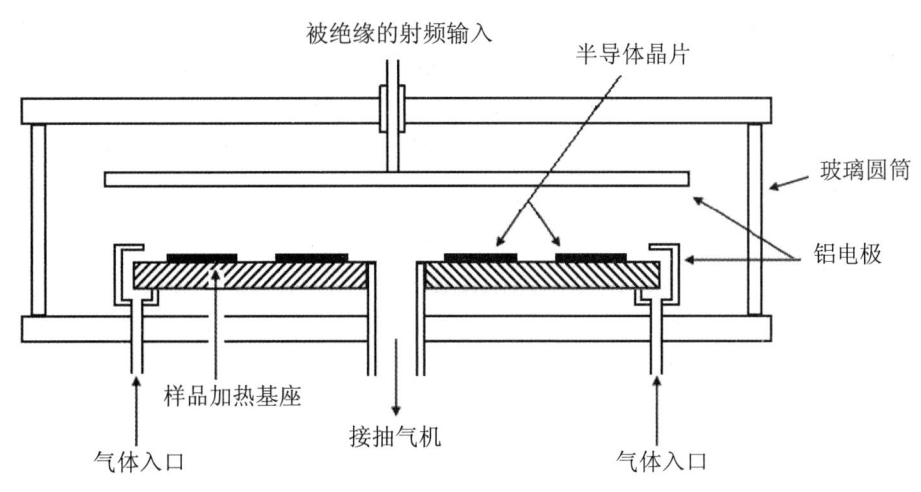

图 7.2 平板式射频 PECVD 反应器的结构示意图

（1）可以低温成膜（最常用的温度是 300℃～350℃），对基片影响小，并可以避免高温造成的膜层晶粒粗大以及膜层与基片间生成脆弱相等问题；

（2）PECVD 在较低的压强下进行，由于反应物中的分子、原子、等离子粒团与电子之间的碰撞、散射、电离等作用，提高膜厚及成分的均匀性，得到的薄膜针孔少、组织致密、内应力小，不易产生裂纹；

（3）扩大了化学气相沉积的应用范围，特别是提供了在不同基片上制取各种金属薄膜、非晶态无机薄膜、有机聚合物薄膜的可能性；

（4）膜层对基片的附着力大于普通 CVD。

PECVD 由于所具有的上述优点，常可用来在低温下制备各种硅基薄膜材料。例如，在金属化过程中，当第一层 Al 连线制备完毕后，由于金属 Al 的熔点很低，其上的绝缘电介质沉积时，必须在低温下进行。采用 PECVD 制备二氧化硅时，可采用硅烷为源材料，氧气或笑气（$N_2O$）为氧化剂，反应方程式如下

$$SiH_4(g) + O_2 \longrightarrow SiO_2(s) + 2H_2(g)$$
$$SiH_4(g) + 2N_2O \longrightarrow SiO_2(s) + 2H_2(g) + 2N_2(g)$$

也可在反应过程中通入磷烷等掺杂剂，制备磷硅玻璃（PSG）：

$$4PH_3(g) + 5O_2 \longrightarrow 2P_2O_5(s) + 6H_2(g)$$

PECVD 制备氮化硅时，可采用硅烷为硅源，氮气或氨气或笑气为氮源，反应方程式如下：

$$SiH_4 + NH_3(或N_2或N_2O) \longrightarrow Si_xN_yH_z + H_2$$

由于 PECVD 沉积过程中，反应源材料被高能电子撞击，产生大量具有很强化学活性的离子和基团，因此生成的薄膜中含有大量杂质元素（例如 H），这将对 PECVD 制备的薄膜性质产生影响。在 PECVD 制备的氮化硅和氢化非晶硅（α-Si:H）中，适量的 H 原子的进入能饱和薄膜中大量存在的悬挂键，增强薄膜致密性，改善其电学性能。PECVD 制备非晶硅的反应式如下。

$$SiH_4(g) \longrightarrow \alpha-Si:H + H_2(g)$$

本实验采用 PECVD-350 型单室电容耦合射频等离子体 CVD 设备来制备氮化硅薄膜，该设备由以下几部分组成：

（1）抽气系统；
（2）预备室；
（3）反应室；
（4）大功率振荡系统，即射频辉光放电系统；
（5）阻抗匹配网络；
（6）气路控制系统；
（7）压强测量及其控制系统；
（8）衬底控制系统；
（9）工艺过程监控系统。

图 7.3 为该设备的气路系统示意图。

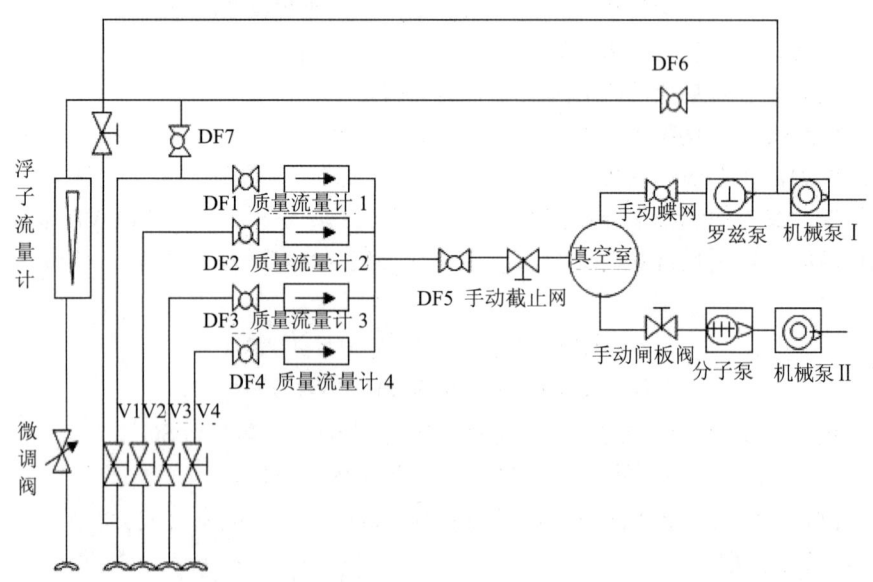

图 7.3 PECVD-350 等离子体增强型化学气相沉积气路系统示意图

## 四、实验内容

采用 PECVD 设备在硅片上沉积氮化硅薄膜。

## 五、实验步骤

1．预处理

先将硅片分割为 20mm×20mm 小片，然后用如下的标准工艺进行清洗。

（1）无水乙醇超声清洗 10min；
（2）去离子水超声清洗 10min；
（3）DHF（5%）浸泡 30 s；
（4）热氮气吹干。

2．放入衬底，抽本底真空

（1）开总电源；
（2）按开按钮，开样品室，放入样品，按停止按钮，关样品室；
（3）开循环水；
（4）开启机械泵Ⅰ，开蝶阀，1～2 min 后开罗茨泵；
（5）复合真空计，全自动显示，当热偶真空计为 $10^{-1}$ Pa 时，关闭蝶阀，关罗茨泵、机械泵Ⅰ，开启动机械泵Ⅱ，打开插板阀，数分钟后打开气路分子泵电源，START 按钮，启动 LED。

2．薄膜生长

（1）温度控制：启动加热按钮，加温按↑，降温按↓，温度设定好后按 ENT，根据不同的温度选定不同的功率。

（2）射频调节：当压强达到 $10^{-4}$ Pa 数量级，并且温度达到设定的温度，打开灯丝开关，预热 5～10 分钟；同时关闭板阀、分子泵，分子泵停止后，关机械泵Ⅱ。

（3）开气路，开机械泵Ⅰ，罗茨泵和碟阀。气路 1 为 $SiH_4$，气路 2 为 Ar，气路 3 为 $H_2$，气路 4 为 $CH_4$。打开顺序：开样品室顶部旋钮 → 流量电源 → 相应气路和气柜内相应气路 → 气瓶。调节流量计和蝶阀位置，使得各气路流量达到设定的流量，调节蝶阀，使气压达到需要的压强（25～130 Pa）。然后沉积一定的时间。

3．PECVD 关闭程序：

（1）关射频：先将板压调为零，关板压和灯丝。

（2）关气路：当质量流量计读数接近零时，关闭截止阀，开启氩气，使得氩气反冲到氢气和甲烷气路（实验过程中氢气和甲烷气瓶已经关闭），当质量流量计读数接近零时开始关气路。

（3）关气路：关气瓶 → 气柜内相应气路 → 流量计 → 相应气路。

（4）压力达到 $10^{-2}$ Pa 时，关碟阀，关罗茨泵和开机械泵Ⅰ。

（5）关电源，关循环水。

## 六、思考题

1. 实验中所用的 $SiH_4$ 的物理和化学性质。
2. 分子泵使用时的注意事项。

# 实验八　光　刻　工　艺

## 一、引言

光刻是一种复印图象和化学腐蚀相结合的综合技术。它采用照相复印的方法，先将光刻掩模版上的图形精确地复印在涂有感光胶的二氧化硅或金属薄层表面，然后利用光刻胶的保护作用，对二氧化硅层（或金属薄层）进行选择性化学腐蚀，从而在二氧化硅（或金属薄层）上得到与光刻掩模版相应的图形。

光刻工艺是硅平面工艺中的关键工艺之一，光刻质量的好坏对半导体器件性能影响极大。本实验要求同学对光刻工艺的原理及操作步骤有一个初步的了解。

## 二、实验目的

1．了解光刻的基本原理和流程；
2．掌握二氧化硅介质的光刻工艺。

## 三、实验原理

光刻工艺的主要工艺过程如图8.1所示。光刻时，光致抗蚀剂（即光刻胶）在受到光照后发生了化学反应，导致其内部的分子结构发生相应的变化，因此在显影液中光刻胶受光照的区域与未受到光照的区域的溶解速率相差很大。利用这种特性，当在硅片表面涂上一层薄的光刻胶后，通过具有一定图形的光刻掩膜版感光并显影，即可在光刻胶上留下掩膜版的图形。在集成电路制造工艺中，利用显影形成的光刻胶图形作为掩膜，可以对硅表面裸露的区域（例如二氧化硅、氮化硅等介质层，或Al金属膜）进行刻蚀，从而把光刻胶上的图形转移到衬底上，由此形成了和光刻掩膜版相对应的各种器件和电路结构。

光刻工艺过程中一般包括三个最主要的步骤：曝光、显影和刻蚀，通过细化，可以概括为8个工艺步骤，下面对这些工艺步骤分别加以简单介绍。

1．硅片的处理

待光刻的硅片表面必须保证清洁干燥，这样才能与光刻胶很好地黏附，这是影响光刻质量的重要因素。一般认为刚刚从高温炉内取出的氧化片或蒸发台内取出的蒸Al的片子，表面较清洁、干燥，不必再进行清洗，可直接涂光刻胶。

对已经玷污了的或存放时间较长的氧化片，必须按常规清洗硅片的方法清洗，用去离子水冲洗、烘干，最后送入高温炉（700℃～900℃）通干氧 5 min 处理后才能取出涂胶。对于金属表面，就不能用酸性溶液清洗，可用有机溶剂丙酮、酒精水浴 15 min，再用去离子水冲洗，然后在红外灯下烘干，待涂胶。

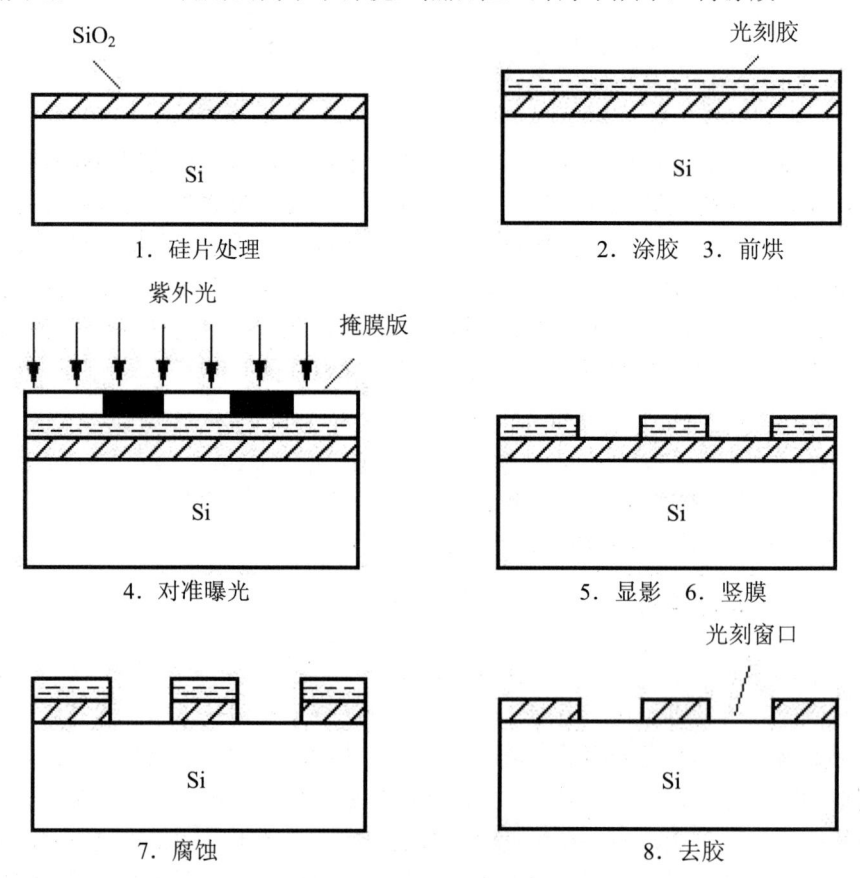

1. 硅片处理
2. 涂胶 3. 前烘
4. 对准曝光
5. 显影 6. 竖膜
7. 腐蚀
8. 去胶

图 8.1 光刻工艺流程图

在光刻工艺中，光刻胶的作用是作为底层材料刻蚀时的掩蔽层，因此所涂的光刻胶层必须牢固地附着在硅片表面。否则，所形成的光刻胶图形，可能出现整体或者局部的区域与底层材料脱离的现象，这样就不能起到光刻胶的掩蔽作用。由于二氧化硅的表面是亲水的，而光刻胶是由有机材料构成的混合物，属于疏水材料，因此，在硅片清洗后，涂胶前，需要预先对硅片进行脱水，烘焙处理。此外为了进一步增强光刻胶与硅片之间的黏附力，还应在硅片表面涂上一层增黏化合物（如六甲基乙硅氮烷，HMDS）。

2. 涂胶

涂胶的目的是在待光刻的硅片上形成一层一定厚度且厚薄均匀、无灰尘杂物存在的光刻胶。光刻胶，又称光致抗蚀剂，它是由光敏化合物（PAC）、基体树脂和有机溶剂等混合而成的胶状液体。光刻胶受到特定波长光线的作用后，导致其化学结构发生变化，使光刻胶在某种特定溶液中的溶解特性改变。在集成电路工艺中，光刻胶的作用是在刻蚀或离子注入的过程中，保护被光刻胶覆盖的底层材料。通常可以将光刻胶分成正胶和负胶两类。正胶和负胶在曝光和显影之后所获得的图形是刚好相反的。正胶的曝光部分发生光化学反应，产生分解，使其在显影液中由不溶解变为溶解，从而经腐蚀后可以在底层材料上得到掩膜版的正影像。而负胶则刚好相反，其曝光部分由光产生交联，在显影液中被溶解的是未曝光部分，因此最后底层材料上获得的是掩膜版的负影像。正胶和负胶的图形转移情况如图 8.2 所示。

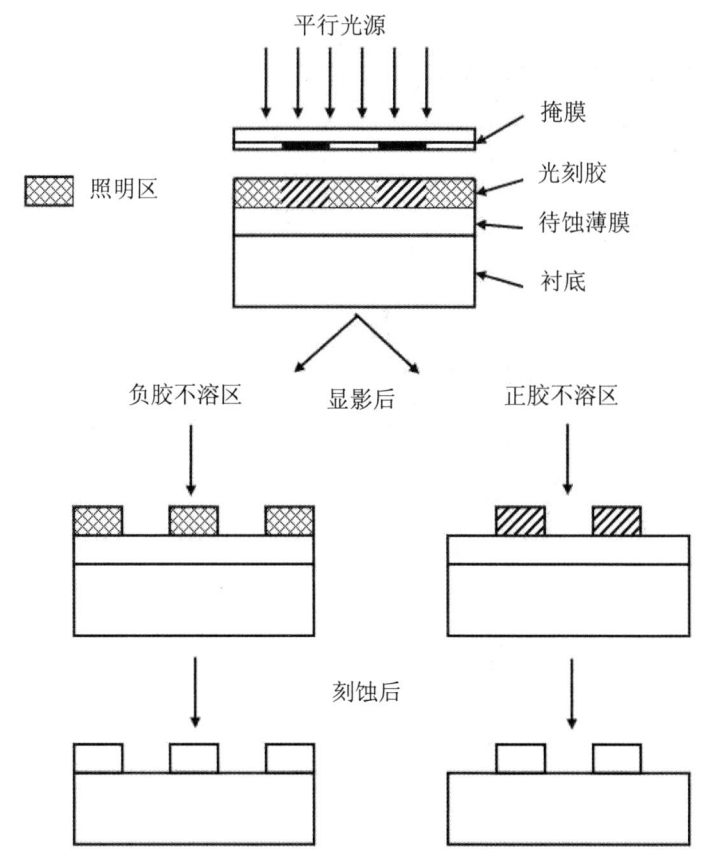

图 8.2 正胶和负胶的图形转移对比情况

最常用的涂胶方法是自转式旋转涂敷法，如图 8.3 所示。硅片放在圆盘转轴中心，采用真空吸附。在硅片表面滴上光刻胶，开动马达，旋转圆盘高速旋转，将胶甩开，在片子表面留下薄薄一层光刻胶，因此涂胶也可称为甩胶。在高速旋转过程中，光刻胶中的溶剂迅速挥发，使光刻胶的黏度不断增加，变成为固态的凝胶。光刻胶的厚度与光刻胶本身的浓度和圆盘的转速有关。对一定浓度的光刻胶来说，调节转速可以改变光刻胶的厚度。转速越快，光刻胶膜越薄。薄的光刻胶膜有利于细线条光刻，但胶膜针孔较多，抗蚀能力差，因而光刻胶的厚度要适当。图 8.4 为不同型号的光刻胶厚度随甩胶转速之间的关系。

为了保证光刻质量，涂胶应在超净工作台或防尘操作箱内进行。超净台内的湿度须小于 40%。

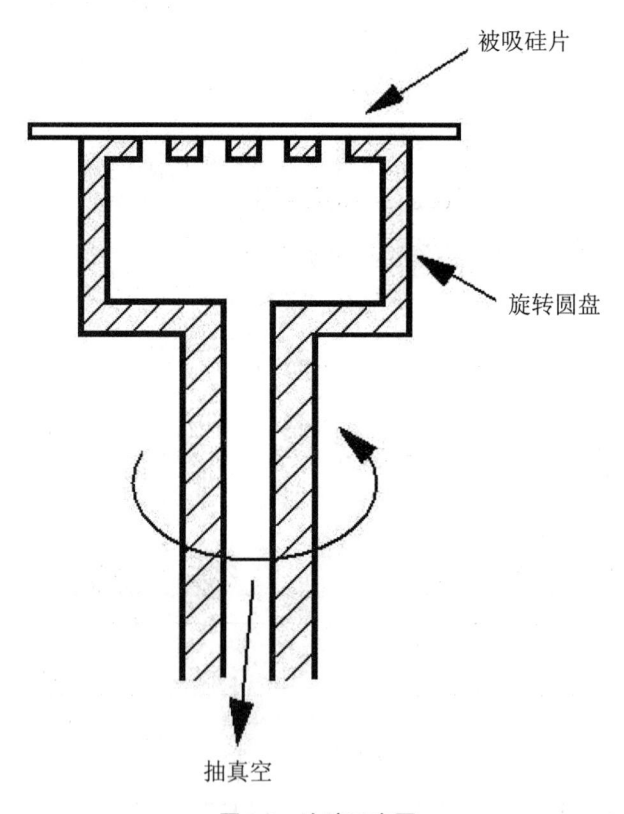

图 8.3　涂胶示意图

光 刻 工 艺　实验八

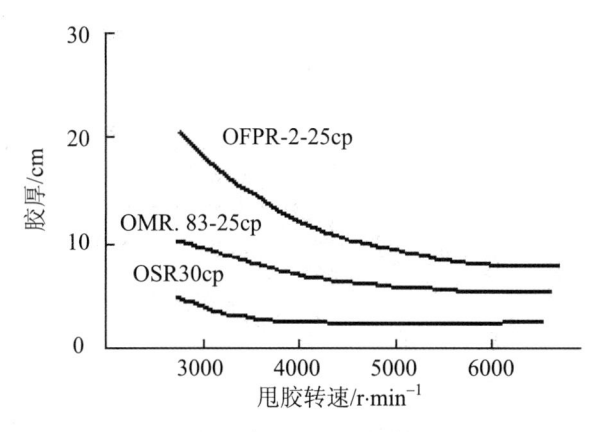

图 8.4　光刻胶厚度与甩胶时间的关系

3．前烘

将涂有光刻胶的片子放入温度为 70～90 ℃ 的烘箱内烘 10～20 min，这步骤称之为前烘。在光刻胶原料中，有 65%～85% 的成分是溶剂。经过甩胶以后，虽然光刻胶已经固化成为凝胶，但是其中仍然含有 10%～30% 的溶剂。通过在较高温度下的烘焙，可以使剩余的溶剂从光刻胶中挥发出来，从而降低灰尘的沾污，增强光刻胶的强度，使之与样片黏附得更牢。

前烘不能过分也不能不足，不然会影响光刻胶膜的图形质量，如出现显影浮胶，图形畸变以及显影不足等等现象。对于不同的光刻胶前烘的时间与温度略有不同，如果前烘的温度太低，光刻胶层与硅片表面的黏附性较差，曝光时的精度也会受溶剂含量太高的影响而变差，曝光区和未曝光区光刻胶在显影时的溶解度差别也因此会较小，因而图形转移的选择性下降。而过高的前烘温度也会使得光刻胶中的感光剂发生化学反应，降低了光刻胶在曝光时的光敏感度。所以我们应该选取合理的前烘时间及温度。

4．对准与曝光

对准和曝光是光刻中的关键步骤，该工序在专用的光刻机上进行。根据光刻机曝光方式的不同，可以将其分为接触式曝光、接近式曝光和投影式曝光三类。接触式曝光是集成电路工艺中最早使用的曝光方法，具有较好的对比度和分辨率，但是掩膜版和硅片紧密接触容易引入大量的工艺缺陷，产品良率低。接近式曝光中，掩膜版和硅片之间有一小段间隙，因此掩膜版使用寿命长，但是光刻的分辨率相应降低。投影式曝光系统中，光源产生的光经过透镜后变成平行光，然后再通过掩膜版并由另一个透镜投影并成像在硅片上。投影式曝光的样品与掩膜版不接触，因此没有接触磨损引入的工艺缺陷，掩膜版的寿命也相应提高，但是由于许多镜头需要特制，因此设备复杂，成本高。图 8.5 所示是三种曝光模式的示意图。

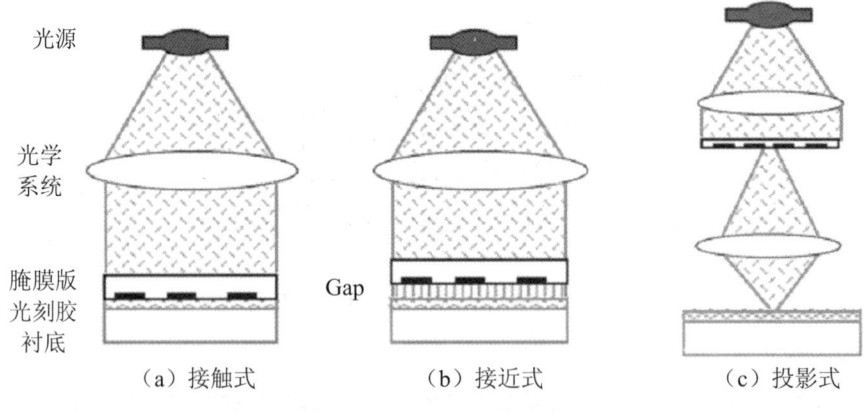

（a）接触式　　　　　（b）接近式　　　　　（c）投影式

图 8.5　三种曝光模式示意图

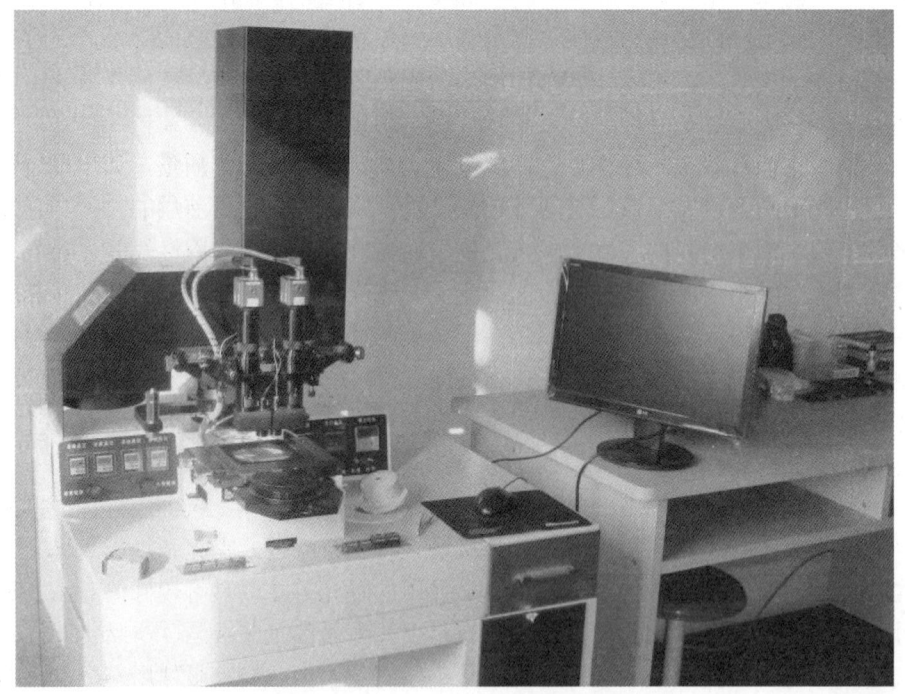

图 8.6　H94-25C 型 4 寸单面光刻机

本实验所用的是 H94-25C 型 4 寸单面光刻机，如图 8.6 所示，采用接触式曝光方法。根据所需光刻的图形我们选择相应的光刻掩模版，把它安装在光刻机的支架上使有图形的玻璃面向下，再把涂有光刻胶的硅片放在光刻机可微调的工作台上，胶面朝上，然后把光刻掩模版移到硅片上方，平行靠近而不接触。在显微镜下，仔细调节掩模板及硅片相应的位置，精确套准后，再慢慢将硅片与掩模版紧紧相贴，推到曝光灯下曝光。曝光完毕，取出片子待显影。

曝光时间的选择十分重要，在实际操作中曝光时间是由光刻胶种类、胶膜厚度、光源强度、光源与片子间距离来决定的。曝光时间过长，胶膜出现皱纹，图形边缘出现锯齿形使分辨率下降。曝光时间过短，胶膜未充分交联，显影时曝光部分也会部分被溶解，使图形变形，胶面发黑，抗蚀性大大降低。因此曝光时间必须严格控制。根据本实验室工艺条件，J-2 型光刻胶曝光在 1 min 左右。

5. 显影

经曝光后的光刻胶必须经过显影以后，胶膜上才显示出图形来。对负性光刻胶而言，显影是将未感光部分的胶层溶解掉，留下感光部分的胶层。这样胶膜上显示出与掩模版遮光图案完全相反的保护胶层，见图 8.1 (5)。不同光刻胶有不同的显影液和漂洗液，J-2 型光刻胶的显影液是丁酮，漂洗液是丙酮。显影工序在显影台上完成，如图 8.7 所示。待显影的片子放在显影台上的显影槽中，显影槽内装有显影液。将曝光好的片子放入显影槽中，显影时间约 1～2 min 后，从显影槽内取出硅片，显影完毕。

显影后的硅片必须进行认真检查，以保证光刻质量。一般要检查以下几个方面：显影是否彻底（即未感光处应该无残存的胶膜），感光部分留下来的光刻胶膜应该无针孔、划伤、浮胶现象，图形是否套准，图形尺寸是否正确，边缘是否整齐等等。如有不合格的硅片必须进行返工。（重复步骤 1、2、3、4）。

6. 坚膜

显影时胶膜会发生软化、膨胀，所以显影后必须进行坚固胶膜的工作，称之为坚膜。坚膜的主要作用是除去光刻胶中剩余的溶剂，以使胶膜与硅片之间紧贴得更牢，同时也增加胶膜的抗蚀能力。

坚膜是在 140～200℃ 烘箱内进行。通常坚膜的温度要高于前烘的温度，在这一温度下，光刻胶将软化，成为类似玻璃体的熔融状态。这将使光刻胶的表面在表面张力的作用下圆滑，借此减少光刻胶中产生的缺陷，并修正曝光产生的驻波效应等边缘轮廓。坚膜时间与温度随不同光刻胶种类而不同。坚膜时间过短、温度不足，胶膜没有烘透，不够坚固，腐蚀时容易发生浮胶或严重侧蚀等现象。坚膜过度，会使胶膜因热膨胀产生翘曲和剥落，腐蚀时也会发生浮胶和钻蚀现象。对 J-2 型光刻胶而言，坚膜温度为 180℃，时间约 30 min。

图 8.7　光刻显影台

7. 腐蚀

腐蚀是用适当的腐蚀液将无光刻膜覆盖的氧化层（或金属层）腐蚀掉，把有光刻胶覆盖的区域保存下来，在二氧化硅或金属层上完整、清晰、准确地刻蚀出光刻胶膜上显影出来的图形。

腐蚀是光刻工艺中的重要工序，稍有疏忽就会使硅片氧化层损坏及报废，因而必须认真、细致对待。下面着重介绍一下二氧化硅和金属铝的腐蚀液和腐蚀方法。

（1）二氧化硅腐蚀

二氧化硅的化学性质非常稳定，只能与氢氟酸发生化学反应，反应式如下

$$SiO_2 + 6HF = H_2SiF_6 + 2H_2O$$

其中，反应生成的 $H_2SiF_6$ 可溶于水。

常用的二氧化硅腐蚀液配方如下

$$HF：NH_4F：H_2O = 3ml：6g：10mL$$

其中氢氟酸的浓度为48%。

腐蚀时把硅片浸入腐蚀液中，腐蚀时间取决于腐蚀液温度、二氧化硅层厚度及二氧化硅膜的性质。一般取腐蚀液温度为32℃时，二氧化硅的腐蚀速率约为 2000Å/min。按不同的氧化层厚度选取不同的腐蚀时间。腐蚀时间必须严格控制，如果腐蚀时间太短，氧化层未腐蚀干净，影响扩散效果。若腐蚀时间过长，图形边缘会钻蚀，严重时会出现胶膜浮胶，造成硅片报废。因此在实际操作中，腐蚀前必须先取一片样片做试验，确定正确、合理的腐蚀时间，及时发现腐蚀过程中可能出现的浮胶、钻蚀和毛刺现象。如果试片在腐蚀过程中氧化层还未腐蚀干净，就出现浮胶等现象，那么整批片子就不能腐蚀。样品只能返工，重复图 8.1 中 1 至 5 步工序。试片一切正常，整批片子才能按正确腐蚀时间腐蚀。腐蚀好的片子从腐蚀液内取出后，立即用去离子水漂洗干净，在显微镜下认真检查，如有不合格者作返工或报废处理。

（2）铝层腐蚀

金属铝层的腐蚀液是浓磷酸，温度为30～90℃之间。腐蚀时把片子放入浓磷酸溶液中，铝和浓磷酸反应激烈，表面不断冒出气泡，片子会浮起来，这时可用镊子把片子浸入浓磷酸内并用毛笔轻轻抹去气泡。当看到铝层图形清楚地显示出来了说明腐蚀完毕。腐蚀时间必须严格掌握，腐蚀时间过短，腐蚀不干净，铝条会短路，腐蚀时间过长，造成引线过细，甚至会断开。

8．去胶

经过腐蚀后，已经在硅片实现了图形转移，因此不再需要光刻胶作为保护层了，要将其从硅片表面除去，称为去胶。在集成电路工艺过程中，去胶的方法有湿法去胶和干法去胶两种。对于二氧化硅、氮化硅和多晶硅等硅基材料，一般采用浓硫酸去胶。由于浓硫酸去胶时，碳被还原析出，而微小的碳颗粒会污染衬底表面，因此必须在浓硫酸中加入双氧水等强氧化剂，将碳氧化成二氧化碳排出。典型的去胶液配方如下

$$H_2SO_4 ：H_2O_2 = 1： 3$$

使胶层脱落后，用去离子水冲净。这种去胶方法效果好，使用非常方便。

由于酸性腐蚀液对铝等金属有较强的腐蚀作用，因此金属衬底的去胶可使用专门的有机去胶剂，或者采用干法等离子去胶去除。

### 四、实验内容

1. 取若干已生成二氧化硅层的硅片和有一定图形的光刻掩模版，按光刻的工艺操作步骤，在二氧化硅层上刻蚀出套准精确的清晰图形。

2. 违反正常的操作要求进行光刻（如硅片不清洗、前烘不足、前烘温度过高、曝光时间过长、曝光时间不足或不坚膜等），观察光刻图形和二氧化硅层上刻蚀图形会出现的现象。（这项内容可根据实验时间多少而选做部分内容。）

### 五、实验步骤

在老师的指导下，按照光刻工艺流程的 8 个步骤进行光刻工艺试验。

### 六、思考题

1. 要刻蚀出线条挺直、尺寸精确的图形，操作过程中必须注意些什么？

2. 对于不经过光刻胶坚膜步骤或腐蚀时间过长的样品，图形会出现什么问题？为什么？

# 实验九　湿法腐蚀工艺

## 一、引言

微机械加工技术是加工微型机械结构的技术，它是在硅平面加工技术的基础上发展起来的。硅平面技术在 20 世纪 50 年代出现之后，很快发展出了集成电路技术。平面技术的高精度、批量生产的生产方式在集成电路上获得了极大成功。因此，人们也希望利用它来开发出可用以加工微机械结构的技术，这就产生了微机械加工技术。用硅各向异性腐蚀、硅和玻璃静电键合等工艺制作的机械结构，它的几何尺寸可以控制得很精确，结构可以大大缩小，因此人们就将这种加工技术称为微机械加工技术。早期发展的这种微机械加工技术直接涉及作为基片的硅材料本身，因此称为体微机械加工技术。体微机械加工技术在 20 世纪 70 年代问世之后，内容不断扩充，水平不断提高。而在 20 世纪 80 年代以后又出现了一类称为表面微机械加工技术。这类微机械加工技术主要是在硅片的表面淀积（包括电镀）各种薄膜材料，通过对这些表面薄膜采用光刻、腐蚀等工艺手段加工出各种微型的机械结构，因为加工不涉及衬底材料，所以称为表面微机械加工技术。

近几年来，微机械加工技术在迅速地发展着。但是，各向异性湿法腐蚀技术已成为微机械加工技术中一种重要的不可缺少的基础技术。本实验目的是让学生熟悉、掌握硅微机械加工的基础技术——硅的各向异性湿法腐蚀的原理和加工技术。

## 二、实验原理

在光刻工艺过程中，经过曝光和显影后，在光刻胶中形成了与掩膜版相对应的图形，为了进一步在衬底上获得器件的结构，必须把光刻胶上的图形转移到位于光刻胶下方的材料上去。在光刻胶的掩蔽下，通过对裸露衬底的腐蚀可以在光刻胶下重现出与光刻胶相同的图形，实现图形的转移。

（一）保真度

刻蚀工艺的分辨率是图形转移保真度的量度。经过腐蚀之后在硅片表面上的薄膜层中形成的立体图形，通常呈现为图 9.1 中所示的三种情况。

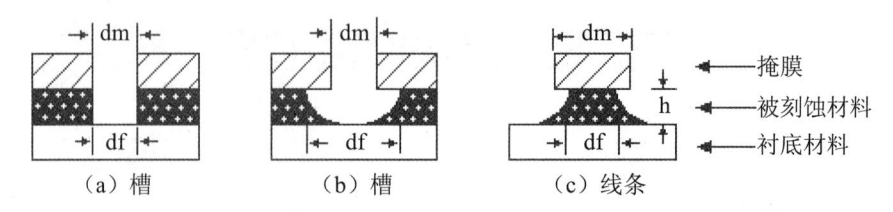

（a）槽　　　　（b）槽　　　　（c）线条

图 9.1　刻蚀后图形的三种情况

设纵向腐蚀速率为 $V_v$，侧向腐蚀速率为 $V_1$。在图 9.1（a）中，$V_1=0$，表示腐蚀只沿纵向（深度方向）进行。如果方向不同，腐蚀特性不同，这种情况称为各向异性腐蚀。在图 9.1（b）和图 9.1（c）中，在纵向进行腐蚀的同时，在侧向上也进行了腐蚀。若 $V_v=V_1$，则不同方向之间的腐蚀特性相同，这种情况称为各向同性腐蚀。在一般的腐蚀过程中，$V_v > V_1 > 0$，所以实际腐蚀通常对应的是不同程度的各向异性，通常用 $A$ 表示腐蚀的各向异性的程度，$A$ 的定义如下

$$A = 1 - \frac{V_1}{V_v} \tag{9.1}$$

如果用被腐蚀层的厚度 $h$ 和图形侧向展宽量 $|df-dm|$ 来代替纵向与横向的腐蚀速率，则式（9.1）可改写为

$$A = 1 - \frac{|df-dm|}{2h} \tag{9.2}$$

从式（9.2）可以看出 $|df-dm|=0$ 时，$A=1$，表示图形转移过程中没有失真，若 $|df-dm|=2h$，$A=0$，表示图形失真情况严重，即各向同性腐蚀，通常 $1>A>0$。

①选择性

在实际操作过程中，掩膜和衬底都不同程度地被等离子体所刻蚀。这样，在超大规模集成电路的图形转移中，一个值得考虑的重要参数是刻蚀工艺的选择性。选择性定义为不同材料之间的刻蚀速率比。显然，掩膜的选择性会影响被刻蚀薄膜的线条尺寸精度，衬底的选择性则会影响表面薄膜被刻蚀后暴露的衬底表面性能和成品率。衬底可以是硅材料，也可以在原先器件结构上生长或淀积一层薄膜作为衬底材料，但这层薄膜与被刻蚀薄膜之间的刻蚀速率必须有很大的差异。

②均匀性

在硅片上生长的薄膜的厚度存在有起伏，而且同一硅片不同部位的腐蚀速

率也并不相同,这些因素都会造成腐蚀图形转移的不均匀。假设要腐蚀的薄膜平均厚度为 $h$,硅片上各处的厚度变化因子为 $0 \leqslant \delta \leqslant 1$,则硅片上最厚处的薄膜厚度为 $h(1+\delta)$,最薄处的薄膜厚度为 $h(1-\delta)$。设腐蚀的平均速度为 V,各处的腐蚀速率变化因子为 $1 > \zeta > 0$,则最大腐蚀速率为 $V(1+\zeta)$,最小腐蚀速率为 $V(1-\zeta)$。设最厚处用最小的腐蚀速率腐蚀,时间为 $t_{\max}$,最薄处用最大的腐蚀速率腐蚀,时间为 $t_{\min}$,则有

$$t_{\max} = \frac{h(1+\delta)}{V(1-\xi)} \qquad (9.3)$$

$$t_{\min} = \frac{h(1-\delta)}{V(1+\xi)} \qquad (9.4)$$

由式(9.3)和式(9.4)可以看到,对大面积进行腐蚀时,所存在的腐蚀时间差为 $t_{\max}-t_{\min}$。在极端的情况下,如果以 $t_{\min}$ 为腐蚀时间,则厚膜部位未腐蚀尽;为了对厚膜部位腐蚀尽,则需延长腐蚀时间,这将造成较薄部位的过刻蚀,从而影响其图形转移精度。为了获得理想的腐蚀,控制腐蚀的均匀性,同时减少过刻是非常重要的。

如果薄膜厚度和刻蚀速率是完全均匀的,并且不需要过刻蚀时,对于衬底的选择性也就不必考虑。但是在超大规模集成电路中,这种理想情况很少遇见。尤其当各向异性刻蚀遇到台阶情况时,为了清除台阶上残余的薄膜,过刻蚀不可避免,如图 9.2 所示,为了清除台阶上薄膜(2)的残余,在刻蚀达到"终点"时,还必须继续过刻蚀。这样,被暴露的薄膜(1)和衬底表面将被刻蚀,从而会造成衬底表面不可恢复的损伤。因此在存在台阶情况下进行各向异性刻蚀时,必须考虑衬底的选择性。

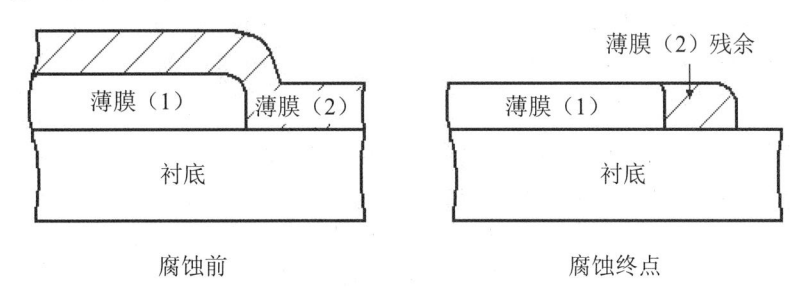

图 9.2 需要过刻蚀以清除台阶上薄膜(2)的残余

硅腐蚀的方法可分为干法腐蚀和湿法腐蚀。以 PE、RIE 为主的干法腐蚀的刻蚀深度较浅,而且对设备的依赖性强,目前主要用于表面微机械加工领域。湿法腐蚀又可分为各向同性腐蚀和各向异性腐蚀。由于各向同性腐蚀对方向无

选择性，纵向腐蚀时存在严重的横向腐蚀，因此在当前微机械加工特别是体微机械加工领域中，采用最多的是具有非常好的方向选择性的各向异性腐蚀。

各向异性腐蚀的特点是腐蚀液对硅在不同晶向的腐蚀速率差别很大，具有良好的方向选择。一般在〈100〉和〈110〉晶向的腐蚀速率远大于〈111〉晶向。这是因为硅属于金刚石体结构，各向异性腐蚀速率与晶面的原子晶格密度有关。晶格密度越大，腐蚀速率越小。而硅{111}晶面的原子晶格密度最大，因此<111>晶向的腐蚀速率最小。在{100}晶面的硅片上用 $SiO_2$ 或 $Si_3N_4$ 作掩膜，刻出以<110>方向为边的腐蚀窗口进行腐蚀，腐蚀终止在慢腐蚀面{111}晶面上，图 9.3 为有掩膜腐蚀后的形状示意图，其中{111}面和{100}面的夹角为 $\alpha$=arctan$\sqrt{2}$ =54.74°。掩膜层采用 $SiO_2$ 或 $Si_3N_4$，腐蚀液对其腐蚀速率远小于{100}晶面的腐蚀速率，两者腐蚀速率比值约为几百，但它与腐蚀液浓度和腐蚀温度密切相关。

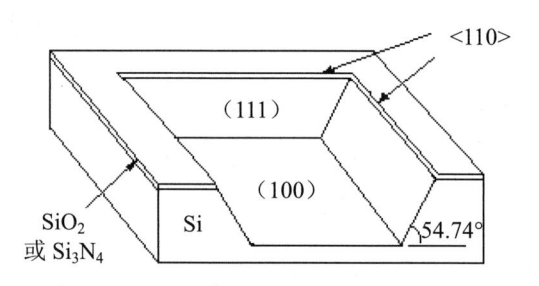

图 9.3 掩膜腐蚀后的形状示意图

各向异性腐蚀的腐蚀液主要有 $N_2H_4$，KOH，EPW（乙二胺，邻苯二酚和水）和 TMAH（四甲基氢氧化胺）等。由于 $N_2H_4$ 和 EPW 有较大的毒性，TMAH 的腐蚀液削角严重，各相异性的选择性比较差，因此我们选择了腐蚀质量好且无毒、成本低的 KOH 腐蚀液。一般认为 KOH 溶液对硅的腐蚀过程按顺序包括空穴注入，吸附氢氧根，络合反应和溶解于水溶液等四步。对于<100>硅，认为腐蚀首先是溶液中氢氧根离子与硅发生氧化反应形成氢氧活性基团，同时将四个电子注入到表面硅的导带中，对反应的硅相当于注入空穴。

$$Si+2OH^- \rightarrow Si(OH)_2^{++} + 4e^-$$

随后发生电解水的还原反应

$$4H_2O + 4e^- \rightarrow 4OH^- + 2H_2\uparrow$$

$Si(OH)_2^{++}$ 扩散离开表面进入溶液与 $OH^-$ 反应，形成一种络合物

$$Si(OH)_2^{++} + 4OH^- \rightarrow SiO_2(OH)_2^{--} + 2H_2O$$

总的反应为

$$Si+2OH^-+2H_2O \rightarrow SiO_2(OH)_2^{2-}+2H_2\uparrow$$

反应式中 $SiO_2(OH)_2^{2-}$ 是一种络合物，它溶解于水中。

表 9.1 是各种浓度腐蚀液在不同温度条件下的腐蚀速率和 $R_{(100)}/R_{SiO_2}$ 腐蚀速率比例值。实验证明：当 KOH 的浓度 $C$=40% w·t，腐蚀温度为 40℃时，此时腐蚀速率为 5.3 μm/小时，{100}晶面和 $SiO_2$ 掩膜层在 KOH 腐蚀液中的腐蚀速率比值为 465，表面腐蚀质量良好。

表9.1 各种浓度腐蚀液在不同温度条件下的腐蚀速率和 $R_{(100)}/R_{SiO_2}$ 腐蚀速率比例值

| 腐蚀液浓度 | T | | | | |
|---|---|---|---|---|---|
| | 30℃ | 40℃ | 50℃ | 60℃ | 70℃ |
| 25% | 3.3μm/h<br>954 | 6.9μm/h<br>704 | 13.6μm/h<br>523 | 25.9μm/h<br>398 | 47μm/h<br>305 |
| 30% | 3.1μm/h<br>717 | 6.5μm/h<br>532 | 12.8μm/h<br>394 | 24.4μm/h<br>301 | 45μm/h<br>233 |
| 35% | 2.9μm/h<br>663 | 5.9μm/h<br>476 | 11.8μm/h<br>360 | 22.3μm/h<br>272 | 41μm/h<br>210 |
| 40% | 2.5μm/h<br>620 | 5.3μm/h<br>465 | 10.5μm/h<br>347 | 19.9μm/h<br>262 | 36μm/h<br>200 |
| 45% | 2.2μm/h<br>599 | 4.6μm/h<br>422 | 9.0μm/h<br>327 | 17.1μm/h<br>249 | 31μm/h<br>190 |
| 50% | 1.8μm/h<br>549 | 3.8μm/h<br>409 | 7.5μm/h<br>305 | 14.2μm/h<br>229 | 26μm/h<br>178 |

在采用 KOH 腐蚀液对硅体进行微机械结构加工过程中，如果加工的结构是一个正方形的台面，那么我们会发现在四个凸角处会出现高腐蚀速率晶面的钻蚀，因而无法形成正方形的台面结构，如图 9.4 所示。实验证明，KOH 腐蚀液的钻蚀晶面为（411）面，如果按前面所述的腐蚀条件加工，那么沿<100>边腐蚀会快速切进，其速率是垂直硅表面腐蚀速率的三倍左右。因此如果不对凸角进行必要的补偿，腐蚀后正方形的台面严重变形，不符合原先设计的正方形台面结构。

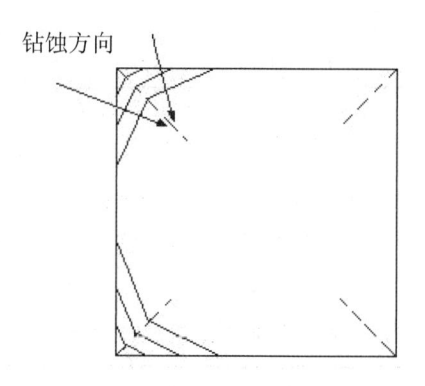

图 9.4 高腐蚀速率晶面的钻蚀

对于 KOH 腐蚀液，常用的补偿图形有<100>矩形条，<110>方块和<110>条补偿，如图 9.5 所示。<100>矩形条补偿是顶角叠加一个宽度为 B、长度为 L 沿<100>方向的矩形。条宽 B 等于两倍的腐蚀深度 2H，为了防止矩形自由端出现的钻蚀前沿过早地到达补偿的凸角，条长 L 必须大于 3.2H。因此补偿图形的面积较大，不适于实际应用。<110>方块补偿是在顶角处叠加一个中心在顶角，边长为 2a 的正方形。根据 KOH 腐蚀液的削角速率，a 大致等于腐蚀深度 H。在临界补偿的情况下，掩膜下的补偿图形被完全钻蚀而形成理想的凸角。<110>条补偿是利用不对称的分枝和端点弯头对条上腐蚀前沿实现控制，这种补偿方法的优点是可以用于间距很近的相邻凸角补偿。

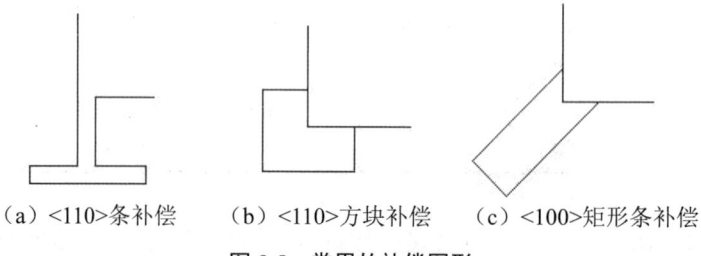

（a）<110>条补偿　　（b）<110>方块补偿　　（c）<100>矩形条补偿

图 9.5　常用的补偿图形

一种新型的无掩膜腐蚀技术正在研究开发之中，这里我们简单介绍这种腐蚀技术的特点。从前面的介绍中可以看到，在有掩膜的情况下，沿<100>方向的腐蚀坑是一个侧面均为（111）晶面的微机械结构，其横断面是等腰梯形，腰和底的夹角为 54.74°。如果此时把表面的 $SiO_2$ 掩膜层用 HF 漂净，再放进 KOH 腐蚀液中进行湿法腐蚀，我们将会发现，除了"坑"底（100）晶面继续向下推进以外，除去掩膜层以后的表面也将以相同速率被腐蚀，而侧面（111）晶面将开始从表面向下逐渐被（311）晶面所取代，（311）晶面与（100）晶面的夹角仅为 25.24°。利用这种特性可以形成多层结构的硅微机械结构。图 9.6 是这种新型无掩模腐蚀技术的示意图。

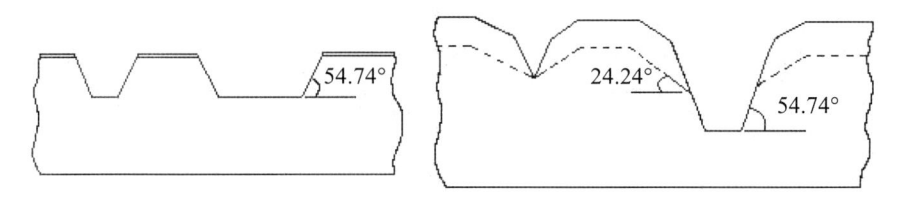

图 9.6 新型无掩膜腐蚀技术示意图

### 三、实验内容

1．采用湿法腐蚀（100）硅片。
2．通过显微镜观察腐蚀图形。

### 四、实验步骤

1．取（100）晶向的硅片，分别采用无水乙醇和去离子水超声清洗 10min。
2．用气球吹干硅片，浸入 1∶20 的 HF 溶液约 30s，取出后用去离子水冲洗后吹干。
注意：这步骤一定要让待腐蚀表面干燥。
3．把硅片浸入浓度为 40% 的 KOH 腐蚀液中，腐蚀液的温度控制在 60℃。腐蚀时间按 30min、60min、90min 三次连续进行，分别测量它们的腐蚀深度并计算平均腐蚀速率。
4．（选做）改变 KOH 腐蚀液的温度，分别为 40℃，50℃。腐蚀时间均控制在 30min，找出腐蚀速率随温度变化的规律。
5．在显微镜下观察凸角补偿图形的变化规律，并说明被削的晶面。

### 五、思考题

1．硅片放入腐蚀液前为什么要用 1∶20 的 HF 浸漂数 30s？
2．在测量硅片腐蚀深度时，怎样来提高测量精度？
3．结合实验中观察到的现象，说明为什么要进行凸角补偿。

# 实验十　化学机械抛光（CMP）工艺

## 一、引言

化学机械抛光（CMP），又称化学机械研磨，是采用化学腐蚀结合物理研磨对加工过程中的硅晶圆进行平坦化处理的一种工艺技术。20 世纪 70 年代，多层布线技术在集成电路制造工艺中普遍应用，但多层加工工艺使得硅片表面不平整度加剧，必须开发出有效的平坦化技术。80 年代末，IBM 公司发展了 CMP 技术并应用于硅片的平坦化，极大地改善了硅片表面的平坦化效果，这一技术是目前唯一可实现全局平坦化的工艺。

## 二、实验目的

1. 了解硅片表面平坦化的意义及 CMP 的基本原理；
2. 学会使用 CMP 技术来实现硅片表面的平坦化。

## 三、实验原理

集成电路制造过程中，当器件制备工艺结束后，即进入金属互连工艺。Al 互连工艺中，要先沉积生长绝缘介质层，然后对其进行平坦化处理，接着在介质层上光刻出接触孔，再进行金属层沉积，并光刻形成互连线，如果不是最后一层金属，则循环进行下一层金属化工艺，如果金属化结束，则沉积钝化层钝化，工艺流程如图 10.1 所示。

经过多步图形转移后，如果不进行处理，硅片表面将变得很不平整，尤其是金属化引线边缘会形成很高的台阶。台阶的存在会严重影响下一步沉积薄膜的覆盖效果，甚至导致整个集成电路失效。随着互联层数的增加和工艺特征尺寸的缩小，对硅片表面平整度的要求越来越高。因此，在薄膜沉积结束后，金属层和介质层都需要进行平坦化处理，减小或消除台阶的影响。平坦化可以采用一些简单的方法，如提高薄膜沉积的均匀性、磷硅玻璃回流等，适当改善硅片表面的平整度，提高台阶覆盖性，也可采用化学机械抛光法，实现整个硅片表面的平坦化。

## 化学机械抛光（CMP）工艺  实验十

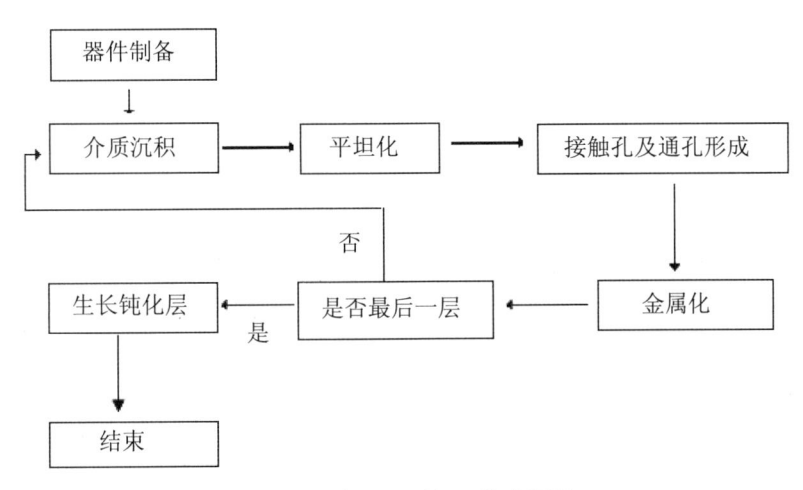

```
器件制备
   ↓
介质沉积 ──→ 平坦化 ──→ 接触孔及通孔形成
  ↑                              ↓
  │         否                 金属化
  │    ┌────────┐                ↓
生长钝化层 ←─ 是否最后一层 ←──────┘
   ↓     是
  结束
```

**图 10.1　多层互联的工艺流程图**

CMP 技术是通过化学腐蚀和机械研磨获得平滑表面的加工过程。该技术最初被用于获得高质量的平滑玻璃表面，20 世纪 80 年代，IBM 公司为了满足半导体集成电路制造工艺中平坦化的需要，发展了应用于硅片的 CMP 技术，1991 年，IBM 首次将这一技术应用到 64MB 动态随机存储器的生产中，由此开始了 CMP 技术的广泛应用。目前，CMP 已成为唯一的纳米级全局平坦化技术，不仅应用于金属层和介质层的平坦化，也用于器件隔离等工艺中。

图 10.2 给出了化学机械抛光设备原理图。由图可以看出，抛光时，将待抛光的硅片表面朝下放入抛光头中，在一定的压力下压向抛光垫，在抛光垫（盘）与硅片之间有一层抛光液，硅片和抛光垫以一定的速率转动。利用抛光液提供的化学反应和硅片在抛光垫上的机械研磨，对硅片表面的材料进行去除。由于硅片表面中凸起部分的材料被去除的速率更快，因此 CMP 可以使得硅片表面趋于平坦。

抛光垫是由柔韧的聚合物基体构成的多孔结构材料，抛光垫的性质直接影响了硅片表面的抛光质量。用于化学机械抛光的抛光垫必须具有良好的化学稳定性（抗腐蚀性）、亲水性和机械力学特性，通常分为硬质抛光垫（粗磨盘）和软质抛光垫（细磨盘）两种。粗磨盘有更高的抛光速率，但是易造成硅片表面划伤，细磨盘可以得到更为光滑的表面。为实现高精度的硅片表面抛光，必须保持抛光垫的平面精度，因此使用一段时间后应对其进行表面修整，或直接废弃。

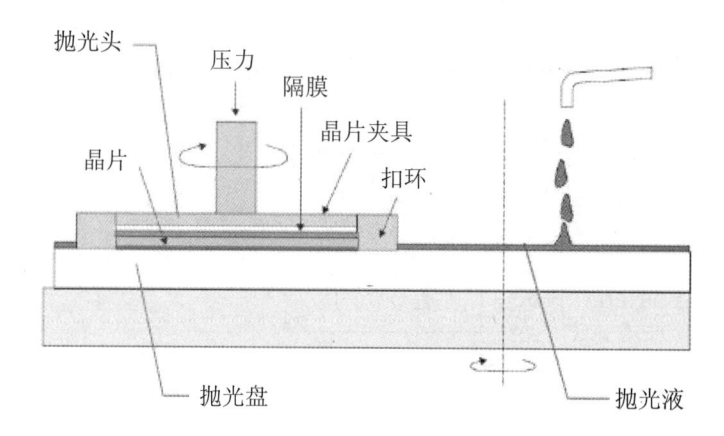

图 10.2　化学机械抛光设备原理图

抛光液是化学机械抛光工艺中的一个关键因素，一般由研磨颗粒（氧化铝、二氧化硅等）、表面活性剂、稳定剂、氧化剂和分散剂等组成，其作用是在抛光过程中与硅片表面的材料发生化学反应，在其表面产生一层钝化膜，然后由抛光液中的研磨颗粒在碰撞摩擦的作用下将其除去。抛光液的流速、黏度、温度、组成和 pH 值等都会对抛光速度产生影响。对于不同的抛光材料，需要采用不同的抛光液，如对氧化物进行抛光时采用碱性溶液和二氧化硅磨粒，而对金属抛光时采用酸性溶液和氧化铝磨粒。

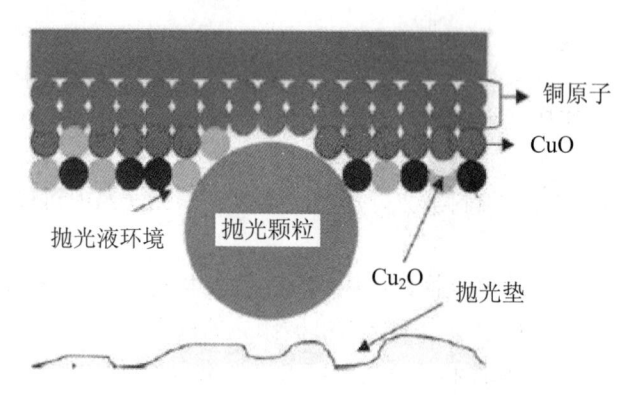

图 10.3　铜金属层的 CMP 过程示意图

硅片表面材料的化学机械抛光是一个复杂的反应过程，图 10.3 是铜金属层的 CMP 过程示意图。如图所示，表面原子与抛光液中的氧化剂、催化剂等反应物在设定温度下反应。抛光垫运转，抛光液连续流动，硅片表面的反应产物被不断腐蚀、研磨掉，反应产物随抛光液被带走。新裸露的原子又被氧化，循环往复。要获得高质量的抛光表面，必须使抛光过程中的化学腐蚀作用与机械研磨作用达到一种平衡。如果化学腐蚀作用大于研磨作用，则抛光表面会产生腐蚀坑、腐蚀波纹等缺陷；如果机械研磨作用大于化学腐蚀作用，则抛光表面会产生高损伤层。CMP 工艺中常见的缺陷如图 10.4 所示。

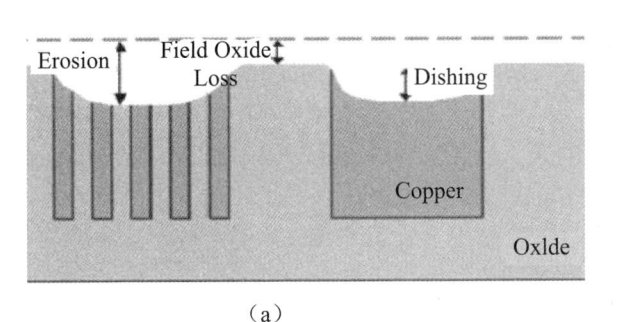

图 10.4　CMP 工艺中常见的缺陷

CMP 工艺中，各工艺参数对获得超高平整的抛光表面至关重要，主要的工艺参数包括：抛光温度、抛光压力与转速、抛光液粒度与浓度、抛光液 PH 值、抛光液流量及抛光硅片的晶向等。

随着抛光温度的增加，抛光液的化学反应活性将成指数上升，同时抛光液也会快速挥发，这将导致硅片表面腐蚀严重、抛光布均匀，质量下降；但抛光温度过低则会使得化学反应作用降低，机械磨损在抛光中占主要作用，导致硅片表面机械损伤严重。因此通常将抛光温度控制在 38~50 ℃（粗抛）或 20~35 ℃（细抛）。抛光压力的增加、抛光转速的增加也会使得抛光温度升高，通常随着抛光压力与转速的增加，机械作用增强，抛光速度也增加。但过高的压力和转速会导致抛光不均匀、温度不易控制，出现划伤的几率也大大增加。抛光液性质也严重影响抛光质量，随着抛光液磨粒粒度的增加，抛光速度增加，同时硅片表面产生划痕和缺陷的几率大幅增加。因此抛光液粒度一般为 10~100 nm。随着磨粒浓度的增加，抛光速度将增加，抛光平整度增强，达到一定值时趋于饱和。抛光液 pH 值直接影响着其化学反应速度，随着抛光液酸性或碱性的增强，对金属或氧化物的腐蚀速率增加。抛光时抛光液的流量不能太小，以免使温度分布不均匀，出现局部过热现象，以保障硅片表面抛光的一致性。此外，对硅片抛光时，硅片表面晶向也将影响抛光速率，相同条件下，（100）面的抛光速率明显快于（111）面。

## 四、实验内容

采用化学机械抛光法对硅片表面进行抛光。

## 五、实验步骤

1．清洗硅片，放入抛光头。

2．抛光液配置，采用 FA/O 抛光液：去离子水=1∶15 配置抛光液，通过蠕动泵控制抛光液流量。

3．设置抛光参数，开始抛光。抛光时，抛光压力 3.2 kPa，抛光垫转速本别为 10 r/min、20 r/min 和 30 r/min。

4．抛光结束后，取下硅片，分别用无水乙醇和去离子水进行超声清洗。

5．分别测量不同转速下抛光硅片的表面粗糙度。

## 六、思考题

1．多层布线时，硅片表面不平坦对光刻和刻蚀会产生什么影响？

2．对金属层和介质层进行化学机械抛光时，所使用的抛光液有什么区别？为什么？

# 参 考 文 献

[1] 关旭东. 硅集成电路工艺基础[M]. 北京：北京大学出版社，2003.
[2] 郑伟涛. 薄膜材料与薄膜技术[M]. 北京：化学工业出版社，2007.
[3] 陈力俊. 微电子材料与制程[M]. 上海：复旦大学出版社，2005.
[4] Peter Van Zant. 芯片制造[M]. 赵树武，朱践知，于世恩，等译. 北京：电子工业出版社，2004.
[5] 赵宝升. 真空技术[M]. 北京：科学出版社，1998.
[6] 杨邦朝，王文生. 薄膜物理与技术[M]. 成都：电子科技大学出版社，1994.
[7] Stephen A. Campbell. 微电子制造科学原理与工程技术[M]. 曾莹，严利人，王纪民，等译. 北京：电子工业出版社，2003.
[8] 吴德馨，钱鹤. 现代微电子技术[M]. 北京：化学工业出版社，2002.
[9] 朱正涌. 半导体集成电路[M]. 北京：清华大学出版社，2001.